四川省高校人文社会科学重点研究基地-川酒文化国际传播研究中心
项目（CJCB2019-01）资助

中国白酒

产地特征与产区化
发展研究

孟　宝　王洪渊　钟小滴／著

西南财经大学出版社

中国·成都

图书在版编目(CIP)数据

中国白酒产地特征与产区化发展研究 / 孟宝,
王洪渊,钟小滴著.--成都:西南财经大学出版社,
2025.5. --ISBN 978-7-5504-6720-0

Ⅰ.TS262.3

中国国家版本馆 CIP 数据核字第 2025KV5827 号

中国白酒产地特征与产区化发展研究

ZHONGGUO BAIJIU CHANDI TEZHENG YU CHANQUHUA FAZHAN YANJIU

孟　宝　王洪渊　钟小滴　著

责任编辑:李邓超
助理编辑:邓嘉玲
责任校对:李建蓉
封面设计:墨创文化
责任印制:朱曼丽

出版发行	西南财经大学出版社(四川省成都市光华村街 55 号)
网　　址	http://cbs.swufe.edu.cn
电子邮件	bookcj@ swufe.edu.cn
邮政编码	610074
电　　话	028-87353785
照　　排	四川胜翔数码印务设计有限公司
印　　刷	成都市金雅迪彩色印刷有限公司
成品尺寸	170 mm×240 mm
印　　张	7.75
字　　数	113 千字
版　　次	2025 年 5 月第 1 版
印　　次	2025 年 5 月第 1 次印刷
书　　号	ISBN 978-7-5504-6720-0
定　　价	48.00 元

前言

　　作为传统的民族饮品，中国白酒在社会、经济、文化等方面产生了深远的影响。中国人无论是否喜欢饮用白酒，几乎都不会对白酒感到陌生，并且大多数人都能说出几个中国白酒品牌。由于其独特的酿造工艺及口感，中国白酒被世界瞩目，是世界六大蒸馏酒之一。从历经千年的作坊式生产，到如今融入现代经济发展模式的产业体系，中国白酒产业逐步从形成、发展走向成熟。当前中国在世界经济、政治舞台上发挥着越来越重要的作用，一方面我们需要继续吸收国外的先进技术和理念，另一方面国际舞台也呼唤中国品牌主动"走出去"，展现文化影响力。从扩大国际影响力和推动品牌发展的角度，我们需要拿出具有自身特色的东西进入国际市场，参与国际竞争，或是作为国际交往的媒介。应当说，中国白酒兼具"国际礼物"的多种特征，这既是对中国白酒价值的肯定，也是文化自信的重要体现。"越是民族的，越是世界的"这句话是对中国白酒价值的最好注解。但希望产生的效益和实际产生的效益往往不是一致的，当今世界运行的最大特征就是规则，若无法适应规则或是不主动掌握规则，则可能逐渐被世界抛弃。很明显，中国白酒需要走向世界，中国白酒产业需要进一步走向成熟。

在白酒的发展过程中，产区化发展既符合全球酒业的演进模式，也是中国白酒产业规范化、特色化、现代化发展的必然选择。但产区化的发展不能仅仅停留在概念层面，而需要全面分析中国白酒产区化发展的基础、现状及问题，并以此为依据，制定具体的政策，提出具体的路径，这也是本书期待达成的目标。

著者

2025 年 2 月

目录 / CONTENTS

第一章

中国白酒产业现状及发展分析

第一节　发展现状

一、产业特征

中国白酒拥有一千多年的历史，发展到现在证明它是有生命力的，其发展历程也是随时代而变化的。在中国古代，白酒备受争议，变相的鼓励和严格的禁酒相互交织。新中国成立以来，中国白酒产业更是随着社会背景不同、政策不同、市场要求不同而发生变化。

中国白酒的产业特征之一是稳定。全国著名白酒专家赖高淮先生认为中国白酒产业的一大特征是稳定，稳定的内涵一是指其发展的稳定，它作为一个行业延续了数千年，并没有在历史长河中被淘汰；二是指其产业特征的稳定，它既不属于朝阳产业，也不属于夕阳产业，具有稳定的消费群体和稳定的投资回报。中国人形成了稳定的白酒消费习惯，先不论这种消费的产业经济特征合理性，单就结果而言，白酒产业对中国经济的贡献是巨大的：白酒不仅在轻工食品行业中独树一帜，而且在国家 201 个三级行业中销售毛利润排名第一。基于中国白酒的这种特征，其发展既受地方产业经济发展推动，又持续吸引资本青睐。从图 1-1 可以看出，20 世纪 90 年代以来，中国白酒产量呈现周期性波动，而从 2017 年开始产量连续下滑主要是消耗前几年高速增长的库存所致。

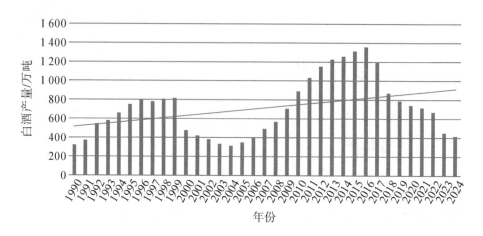

图 1-1　1990—2020 年中国白酒产量

与产量的波动不同，白酒产业的销售收入从 2008—2017 年呈上升状态，2018—2020 年有小幅波动，但白酒产业的销售利润在 2013—2018 年和 2021—2024 年呈持续上升状态（图 1-2、图 1-3），充分体现出其产业韧性。

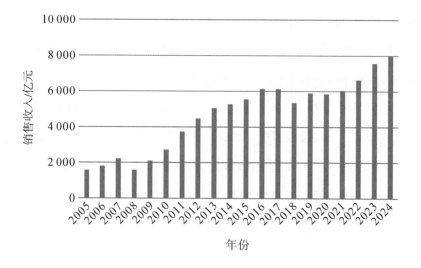

图 1-2　2005—2020 年中国白酒销售收入

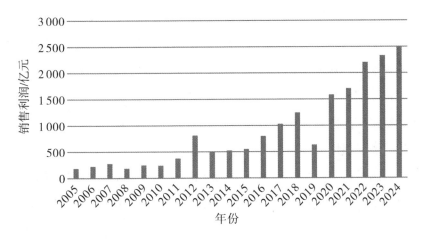

图 1-3　2005—2020 年中国白酒销售利润

中国白酒的产业特征之二是地域依附性较强。中国白酒发展到今天，其地域吸纳产能、资本、人才及生产性配套的优势越来越明显，以四川、贵州为主的"中国白酒金三角"和以江苏、河南、安徽、山东等为主的"黄淮名酒带"两大产区，聚集了全国绝大多数知名白酒企业。此外，向原产地集中已成为中国白酒产业发展的一个重要趋势。例如，2020 年，在白酒分省产量中，四川省白酒产量稳居第一，为 367.6 万千升（占全国白酒总产量的 49.6%），实现营收 2 849.7 亿元（占全国总营收的 48.8%）、利润 529.1 亿元（占全国总利润的 33.4%）。产区化格局的演进不仅体现在以名酒品牌为核心、香型特征为区分的省域产区集群的形成上，更体现在中国酒业协会推动建设的中国白酒酒庄联盟正成为新形势下产区创新的重要支撑体系。

中国白酒的产业特征之三是具有强大的生命力。计划经济时期，中国白酒产不足销。市场经济时期，中国白酒逐步产大于销。在这种背景下，中国白酒销售先后经历了七个阶段：名牌提价卖酒阶段；广告卖酒阶段；包装卖酒阶段；低价卖酒阶段；文化卖酒阶段；品牌卖酒阶段；现在逐步进入健康饮酒、产区背书阶段。中国白酒是世界六大蒸馏酒之一，其固态发酵工艺具有独特性和复杂性，生产周期通常为数月甚至更长时间。这是中国白酒生命力的体现，中国白酒的生命力还体现在以下两个方面：

一是中国白酒与社会文化生活完美交织。细读中国历史不难发现，从白酒始现至今，其不仅在中国的政治、经济、军事、外交和文化传承方面发挥着积极作用，而且融入普通老百姓的日常生活，成为人们交友、婚姻、庆典、祭祀和商务宴请中的日常饮品。自中国实行对外开放政策以来，国外的葡萄酒、烈性酒、啤酒及其他酒品逐渐进入中国市场并为中国消费者接受，白酒虽然不再是人们唯一的酒品选择，但其承载的民族情结始终深深植根于中国人的情感深处，从来没有被代替。四川省社会科学院教授、博士生导师李后强认为，中国白酒是中国原创的、有根的产业，是生活的"月亮"，虽然月亮有视觉大小和圆缺的不同，但其本质不变；同理，白酒的销量、香味、包装等会变化，但其本质和内涵不会改变（李后强，2023）。

二是中国白酒产业兼具强大的市场包容性和持续发展的内生动力。作为传统行业，中国白酒虽以传承见长，但始终与时俱进。从早期的古法酿酒到近代的传统酿酒，从工业化生产到生态酿造，中国白酒产业的每一步都是顺应时代、顺应消费而做出的变革与调整。在创新发展方面，尽管中国白酒企业的创新力度仍有提升空间，但其从来没有停止对工艺改造、新品研发的探寻。著名白酒文化传播专家，原"中国白酒东方论坛"秘书长杨志琴女士认为，关于中国白酒产业价值的探索，有两个词很重要：守正和创新。守正是坚守优良的传统，创新是与时俱进。当前行业对中国白酒的定位已形成共识：首先，中国白酒是农业产业化发展中的龙头产业（巨大的原粮消耗推动了农业产业化的发展）；其次，中国白酒是地域生态绿色产业的特色代表；再次，中国白酒是生物科技产业中的制造业（酿酒微生物的研究应用，让中国白酒成功实现了由传统产业向现代生物产业的华丽转身）；最后，中国白酒是生态工业产业中的文化产业（白酒实现了产业、社会与人文三者的有机融合，其消费历史就是一部生动的文化发展史）。

二、行业现状

从行业层面集中度看，中国白酒的产业集中度逐步提高，头部企业引领作用愈发明显，行业开始进入挤压式增长阶段。2024年正式发布的白酒行业年度数据显示，全国规模以上白酒企业共计989家，累计白酒产量414.5万千升，同比下降1.8%。尽管产量有所下滑，但白酒行业整体销售收入和利润均实现增长，展现出行业的强劲韧性。2024年白酒行业销售收入为7 963.84亿元，同比增长5.30%；行业利润为2 508.65亿元，同比增长7.76%。此外，白酒行业的区域分布也呈现出新的变化。传统白酒大省如四川、贵州、江苏等地的白酒企业依然占据主导地位，但其他地区的白酒企业也在逐步崛起，形成了多元化的市场格局。从品牌价格集中度来看，茅台、五粮液、1573等高端白酒的品牌价值进一步提升，相应地，价格增长空间不断扩大。次高端白酒将是利润蛋糕的主要角逐地，其对应的价格带分别为300~400元（不含400元）、400~500元（不含500元）和500~800元（表1-1）。需要提及的是，100~300元（不含300元）的中低端白酒和30~100元（不含100元）的亲民白酒随着消费理性的回归，有着稳定而强韧性的市场。

表1-1 中国次高端白酒价格带

序号	价格带	主要代表品牌
1	300~400元（不含400元）	洋河（天之蓝）、洋河（梦之蓝M3）、今世缘（国缘对开）、郎酒（红花郎10年）、茅台（汉酱）、泸州老窖（老字号特曲）、泸州老窖（窖龄60年）、汾酒（青花汾20年）、酒鬼酒（红坛）、水井坊（臻酿八号）、舍得（品味舍得）、古井贡酒（古8）、口子窖（口子窖10年）
2	400~500元（不含500元）	泸州老窖（窖龄90年）、今世缘（国缘四开）、郎酒（红花郎15年）、酒鬼酒（紫坛）、汾酒（青花汾30年）、水井坊（井台装）、古井贡酒（古20）、口子窖（口子窖20年）

表1-1(续)

序号	价格带	主要代表品牌
3	500~800元	洋河（梦之蓝 M6）、洋河（梦之蓝 M6+）、舍得（智慧舍得）、剑南春（珍藏级剑南春）、习酒（窖藏 1988）、水井坊（典藏大师）

三、市场现状

在产业内外环境的共同作用下，中国白酒行业市场拓展正从以渠道为核心逐步转向以消费者为核心，大众消费取代政商消费，普通大众正逐渐成为中国白酒消费的中坚力量，中国白酒消费市场重回理性。大众市场让中国白酒行业竞争进入用户运营时代，中国白酒企业销售渠道的扁平化及新消费场景的搭建将是必然。例如，企业逐渐建立与核心门店、终端商、KOL（key opinion leader，关键意见领袖）消费者等渠道的直接连接，以层层加码、控盘分利的方式将营销网络覆盖范围从经销商延展到核心门店和消费者。将营销方式从传统渠道推广转变为基于终端门店和消费者的推拉结合，有效拉近了生产端与消费端的对话距离。将基于经验的传统营销升级为基于渠道大数据的现代营销，稳固渠道网络，拉动市场销售，提高渠道利润，优化渠道秩序成为白酒企业开拓市场重要的发力点。白酒消费场景开始向日常生活场景回归，如与朋友/同事聚会，家族聚会，日常场合等（图 1-4）。消费者购买白酒的渠道除了传统的商超、专卖店，还有电商平台（图 1-5）。有专家指出，基于大数据的消费群体特性挖掘，基于用户偏好与科技支撑的新消费场景搭建，基于市场理性回归下消费中心导向的用户触动与用户教育是当前白酒市场的新命题（林枫，2021）。

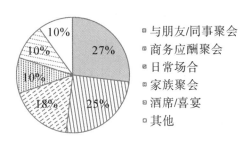

图1-4　白酒消费的主要场所

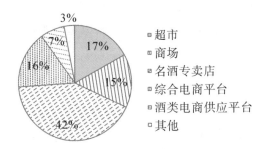

图1-5　消费者购买白酒的主要渠道

总结：中国白酒固有的地域依赖性和效益稳定性是其产业生命力的核心特质。在产区化发展趋势下，传统优势产区将在产能优化升级、中高端品牌建设，以及消费者培育等方面获得潜在优势；同时消费市场的理性回归进一步强化了这一发展机遇。

第二节　发展环境

一、宏观环境

近年来，受国内国际不确定因素增多与经济下行压力增大的影响，国家经济发展速度趋缓，"双碳"目标驱动下的低碳转型给中国白酒行业带来了不小的考验。但有挑战才有转向高质量发展的驱动力，白酒的消费市场主要集中在国内，一线名酒品牌销量和价格保持坚挺，产业深度调整倒逼行业创新，这些因素重塑了行业信心。从行业层面看，随着《产业结构调整指导目录（2019 年本）》自 2020 年 1 月 1 日起施行，白酒产业（白酒生产线）从限制类产业中移除，这标志着自 2020 年起，白酒产业将不再是国家限制类产业。白酒生产许可证作为行业稀缺资源，其价值虚高将逐步消退，十多年来限制性政策的松绑顺应了行业发展需求，对中国白酒产业优化升级具有积极意义，优质白酒资源受益显著，名酒产区发展机遇进一步凸显。此外，对绿色酿造和生态环保的探索也是中国白酒行业发展的新趋势。中国白酒头部企业及重点产区都在探索生态优先及绿色发展的行业新发展路径，如五粮液发布的《"零碳"领航共创和美未来：五粮液绿色低碳发展蓝皮书（2022）》，《贵州省赤水河流域酱香型白酒生产环境保护条例》的出台，中国酒业协会和茅台集团联合编制的《白酒企业温室气体核算方法及报告标准》和《白酒产品碳足迹评价标准》等。

二、产区环境

中国白酒产业内外环境的新变化让生态酿造、文化酿造、安全酿造以及品质个性化等新需求得到重视，催生产区化发展的新模式与新趋势。产区因地域优势、生态环境优势、品牌保障、信誉保证、集群优势和特色优势而成为中国白酒的价值体现和品质认证标志。中国白酒产业未来的竞争主要集中在产业链整合和产区建设，这已经成为白酒优势产地地方政府和企业的共识。当前中国主要的白酒优势产地大都重视基于产区的白酒产业规范化、标准化和制度化推进。从地域公共品牌法理化推进的地理标志产品保护，到"中国白酒金三角""苏派绵柔型白酒产区"等产区化发展的探索实践，以及"宜宾酒"等地域公共品牌从概念到实体产品，让经受时间和消费检验的传统优势产区迎来了新的机遇。未来，随着产地特征基因图谱不断被破解，管理理念不断更新，白酒生产技术不断创新等因素推进，产区白酒产业竞争力将进一步提升。

三、消费环境

随着中国经济的持续发展，人们收入不断提升，从而带动消费升级。这种消费升级表现为对更高品质、更安全健康的白酒的追求。借助消费升级，消费者的健康饮酒、理性饮酒理念不断增强，健康化趋势明显，消费者的理性度和成熟度将不断提升。传统品牌的文化传播模式、营销方式将会受到挑战。随之，未来的风味质量需求将向健康休闲需求转变，共性化需求将向个性化需求转变，传统消费习惯需求将向现代消费方式转变，生理需求将向精神文化需求转变，这将拓展中国白酒企业的市场开拓领域，企业创新研发能力将备受重视，而产区将为中国白酒产业创新提供丰富的资源支持。

总结：由于中国白酒产业自身的独特性质，经济发展的宏观趋势以及突发性事件的发生通常不会对中国白酒产业产生根本性的影响，只要行业回归理性发展轨道，消费逻辑不变，宏观层面和行业层面的发展环境将会持续优化。而对区域性白酒企业的发展来讲，立足产地优势，把握消费新趋势，强化产区特色，在绿色酿造、健康酿造、文化酿造方面加强研发和创新，将是制胜关键。

第三节　发展特征与趋势

一、发展特征

从中国白酒特质及产业升级的角度，其发展特征可归纳为回归化、产区化、绿色化、健康化、融合化五个方面（图1-6）。

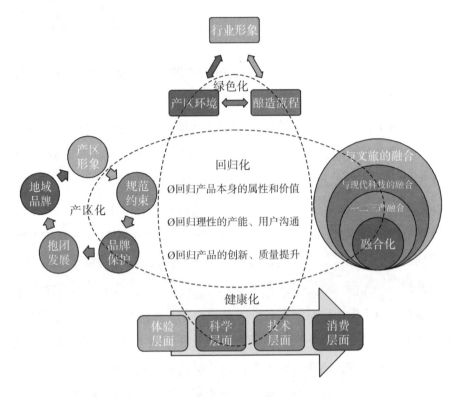

图 1-6　中国白酒产业发展的趋势阐释

（一）回归化

中国白酒作为嗜好性饮品，其核心价值在于消费愉悦性。随着中国白酒在政务宴请等社交场景中"媒介"角色的弱化，白酒正回归饮品本质功能。这将给传统依托政务市场的企业带来挑战。但从行业层面来看，回归有助于白酒企业的现代化转型和价值导向重塑。

（二）产区化

中国白酒和世界上其他蒸馏酒一样都具有地域依附性，但在大众市场层面，由于缺乏地域品牌保护及价值宣传，白酒品牌的地域依附性呈弱化趋势，生产商和经销商分离，液态法白酒等产业发展模式更是令消费者减少了对白酒产地的依赖。产区化发展是中国白酒产业由粗放式发展转向集约化、高质量发展的必经路径，也是白酒产能去粗取精的有效路径，而白酒优势产区具有的独特优势将更容易获得资本的青睐和消费者的信任。

（三）绿色化

在"双碳"目标的引领下，绿色化发展已成为应对全球气候问题，实现可持续发展的必由之路。随着我国市场各领域越来越多的环境规制以及绿色生态转型发展政策的落实，中国白酒行业的绿色化发展将是必然，并且践行绿色化发展将有利于中国白酒企业更好地迎合消费新需求，推动中国白酒与世界烈性酒市场接轨。

（四）健康化

有关酒精与健康的问题一直是国内外关注的焦点，《"健康中国 2030"规划纲要》的提出标志着我国已迈入大健康时代，公众追求健康生活的意识不断增强。在这种时代背景下，中国白酒自身食品安全需求的升级，以及中国白酒生产和饮用指导的健康化将是行业和企业不可推卸的社会责任，也是赢得消费认同，与国际接轨，培育新核心竞争力的关键所在。提质、降度、健康文明饮酒理念的传播是一直以来的探索方向①。

（五）融合化

中国白酒饮品自身的特征及产业发展的多关联性、提档升级等是融合发展趋势的必然。中国白酒产业融合发展主要体现在：一是产业链层面针对一二三产业的融合；二是技改层面机械化、智能化、信息化、自动化传统酿造与现代科技的融合（不得不接受机械化自动化已成为当今中国白酒生产发展的必然趋势）；三是产区化发展，新消费沟通方式、新消费场景打造下白酒产业与文化旅游的融合；四是白酒酒品的融合，如不同白酒香型通过融合取长补短、提升品质。

总结：回归化和绿色化为中国白酒产业提供了新的指导方向；产区化和健康化推动白酒品牌价值的提升；融合化是中国白酒产业提质增效、高质量发展的关键路径。这些趋势使老牌白酒企业、新兴白酒企业、传统白

---

① 高月明. 白酒潜在的生命力在哪儿？[J]. 酿酒，2006，33（6）：4-6.

酒产业集聚区、新建白酒产业集聚区均面临挑战与机遇。顺应趋势，变革创新应成为战略决策的关键要素。

二、发展趋势

（一）"有机生态白酒"渐成产业未来亮点，"白酒庄园经济"或将诞生

2008年"三聚氰胺"事件发生以后，人们开始重视食品安全。西方部分发达国家于20世纪70年代开始大力推广"有机食品"和"有机农业"，现在中国也正在对其进行大力推广和发展。因此，在此背景下，中国白酒业未来面临的挑战之一将是食品安全问题。目前，各名酒企业提出"打造百万亩有机高粱庄园"的规划，这不仅成为中国白酒工业旅游的亮点，而且为未来"有机白酒产业"的发展打下了基础。"有机白酒"作为国家和行业大力扶持和推广的"三农"项目，将成为白酒行业调整持续深化的主旋律之一。

目前，有很多专家论证提出，白酒是中国独有的、具有微生物生态发酵工艺的产业，因此应该划归到生物工程产业。中国白酒是通过大自然食物酿制而成的饮品。中国近代工业微生物学奠基人陶驹生曾认为，如果谁能把白酒的微生物研究透了，谁就能拿诺贝尔奖。茅台集团原董事长、名誉董事长季克良指出，中国白酒的微生物菌种有1 000多种，目前还没有研究透，白酒微生物应该是人体健康学的研究方向之一，有重要的学术价值。比研究葡萄酒更有价值的是白酒往往是"一粮为主，多粮共酿"。从中医上讲，五谷杂粮乃天然养生之必需品。茅台和国窖1573百万亩"有机高粱基地"和"庄园文化"工程的建设是中国白酒产业实现"结构调整，优化升级"的基础。中国白酒"产业大革命"也许会模仿"葡萄酒庄园"模式，从"庄园经济"中诞生，最终以"庄园文化"为载体对外传播中国白酒整体品牌和形象。

（二）中国白酒国际化乃大势所趋

当前，中国已经成为世界"第二大经济体"，经济实力和国际地位日益

提高。白酒是中国独有的，具有悠久的历史文化和独特的酿造工艺，被称为传承中华文明的"国粹产业"。白酒是具有中国特色的蒸馏酒，随着中国的日渐强大，白酒走向国际市场是大势所趋。

《2024 中国白酒产业发展年度报告》提出，2025 年将是白酒产业转型重塑的关键一年，报告指出以国际市场拓展新增量，强调头部企业需通过国际化实现突破。同时，加强白酒民族品牌和自主品牌保护，弘扬优秀白酒文化，推进中国白酒国际化进程，推动中国白酒走向世界取得突破性进展，促进中国白酒文化成为人类文明的重要组成部分等，已成为行业共识。茅台提出了"打造世界蒸馏酒第一品牌"的目标；五粮液的国际营销体系已初步建立；"国窖1573"品牌文化的定位具备国际眼光和战略高度，不仅致力于传承传统文化，而且在传播中国国家级非物质文化遗产，推动其走向世界方面更是可圈可点。

无论是"有机生态"的发展模式还是国际化战略，都既需要中国白酒企业更新单一的以酿酒、卖酒为本的理念，又需要白酒企业延伸产业链，从原料种植、酿酒、营销、文化体验，以及与其他产业的多方面融合来考虑未来的发展模式。如此，产区化发展将成为必然。

本章小结：中国白酒的生命力既源于传统文化的滋养，又根植于独特的地域生态，更谋求与世界接轨的突破，无论是产业自身发展规律的内在驱动，还是宏观发展环境的外在要求，都共同指向中国白酒的产区化发展与国际市场的双重推进。

第二章

酒与产区

产区是指产地、生产地等。其最早是农业领域的一个概念，指某一特色农作物或农产品的自然生长区或人工栽培区等，如小麦产区、水稻产区、花卉产区等。后来产区的概念扩展到工业领域，泛指某一产品在某一地方的生产相比其他地方具有明显的特征比较优势，如丝绸产区、茶叶产区、钢铁产区等。一般来说，产区具有三个特征：一是产区具有依托性，其依托某一类型或相似产品，且产品具有区别于其他地方的特色和优势，很难被仿制或替代；二是产区具有系统性，产区不仅有产品本身，还包含其支撑要素和关联产品；三是产区具有溢出效应，包括技术溢出、知识溢出和经济溢出等。

酒产区概念源自法国波尔多。随着国外葡萄酒产区的兴起，加之葡萄酒具有与第一产业、第三产业紧密融合的特性，葡萄酒产区化发展日渐成熟并形成独具特色的运作模式。如今国外葡萄酒产区的市场化运作体系已比较完善，而中国白酒的产区化发展还处在初期阶段。近年来，以行业协会、龙头企业、地方政府为主的倡导者在各类媒体上都提出了白酒产区的概念及构想，并以白酒产区为新切入点，探索当前白酒产业深度转型的新方向与新途径，这使得白酒产区成为大众关注的热点之一。

第一节 酒产区模式的由来

一、原产地

产地顾名思义是指某一产区的出产地区和生产地区，由于其和地域紧密联系，故产地多指和当地种植环境有着密切联系的农产品或农副产品，如某种作物、某种水果、某种蔬菜，或是其他的土特产等。我国古代很早就有了这种现象，如云南的火腿，浙江杭州西湖的龙井茶，福建武夷的大红袍，新疆的哈密瓜等，地域或大或小，界限或明确或不明确，但都暗含了这样一层意思：同类物品中只有这个最好或是最具地方特色。后来人们将其狭义地概括为原产地。与产地类似的概念是产区。产区自古以来就有，产区的内涵丰富是进入现代后商品经济发展推动的结果，其先后经历了原产地、地理标志保护及产区化运作模式等。

原产地的原意是来源地，即由来的地方。因此，商品的原产地是指货物或产品的最初来源地，即产品的生产地。进出口商品的原产地是指作为商品进入国际贸易流通的货物的来源，即商品的产生地、生产地、制造地或让其产生实质性改变的加工地。原产地证明书是证明商品原产地，即货物的生产地或制造地的一种证明文件，是商品进入国际贸易领域的"经济国籍"，是进口国对货物进行税率待遇确定，贸易统计，实行数量限制（如配额、许可证等）以及控制从特定国家进口（如反倾销税、反补贴税）的主要依据之一。原产地证书是出口商应进口商的要求而提供的，由公证机构、政府或出口商出具的证明货物原产地或制造地的一种证明文件。原产地证书是贸易关系人交接货物，结算货款，索赔理赔，进口国通关验收，征收关税的有效凭证，也是出口国享受配额待遇，以及进口国对不同出口国实行不同贸易政策的凭证。我国进出口货物原产地认定采用两个基本标准：肯定标准和否定标准。肯定标准是指原产地规则应规定在符合什么条件下就能获得货物原产地。否定标准是指规定何种情况下不能获得货物原产地。原产地规则是指任何成员国为确定货物的原产地而普遍适用的法律、行政法规和行政裁定。原产地规则的核心内容是确定货物原产地的判断标准。判断某地是否为进出口货物原产地，以货物是否含有非本国原产的原材料、半成品和零部件为标准，分两种情形：一是完全在一个国家（地区）获得的货物，以该国为原产地；二是两个及以上国家（地区）参与生产的货物，以最后完成实质性改变的国家（地区）为原产地。在判断进出口货物原产地时，应优先适用在一国领域内完全获得的规定；如果货物不能满足完全原产标准的要求，就要适用实质性改变标准，看其是否对货物生产过程中使用的非原产材料进行了充分的加工和处理。

法国布莱斯鸡是世界上第一种享有原产地名称保护的家禽。1957 年 8 月 1 日，法国政府颁布 57-866 号法令，即关于保护布莱斯家禽的法令。根据制定的原产地名称标准，布莱斯家禽采取定期自由放养的方式，品种不同，放养时间也不相同，每只家禽的放养范围为 10 平方米，饲料为谷类、奶制品以及昆虫等。为保证质量，布莱斯家禽行业办公室对饲养的地域和条件进行严格界定和监督，并规定了一系列认证标准。比如，全身羽毛均为白色；鸡爪为蓝色，非常光滑；鸡冠为红色，有很大的锯齿；皮和肉均为白色；左爪有认证圈（由布雷斯家禽产业委员会供给），其上标有饲养者的姓名；脖子底部贴有红、白、蓝三色封条；仅整只出售等。应该说法国布莱斯鸡很好地诠释了原产地的价值和意义，而且从一开始，其原产地并不是自发和自觉产生的，而是有权威的监管机构和完善的监管体系。

白酒与产地的关系非常密切，从酿造工艺来说，一个区域的气候、水质、土壤等都会对酒质产生较大影响。白酒产业对自然资源具有依赖性，白酒的生产需要特定的环境，白酒的酿造与自然环境关系密切，例如，酿酒需要优良的水质，酿酒酵母菌需要在特定的环境中生长，酿酒微生物需要潮湿的空气，等等。正是因为其地域依赖性，白酒产业自古以来就在几个适宜酿酒的地方集聚：四川、贵州、山西、山东、江苏，而在这些地方之外，较少有其他发展得较为成熟的白酒企业。这种鲜明的产业集聚特征在食品工业中，酒类表现得最为明显。

二、地理标志保护

（一）地理标志保护的概念

《与贸易有关的知识产权协定》（Agreement on Trade-Related Aspests of Intellectual Property Rights，TRIPs 协议）第 23 条第 1 款规定：地理标志保护产品指产自特定地域，所具有的质量、声誉或其他特性取决于该产地的自然因素和人文因素，经审核批准以地理名称进行命名的产品①。据此地理标志的含义应包括：第一，地理标志应当是一个真实存在的地理名称，它可以是一个国家，如中国瓷器等，也可以是一个特定的地区或场所，如金华火腿等。此外，地理标志并不局限于行政区划名称或现用地名，自然地名、历史地名及其简称也均可用作地理标志，如湖笔、端砚等。第二，地理标志并非单纯的地理概念，它必须与当地特定产品的质量、声誉或其他特性紧密结合。如北京烤鸭皮脆肉肥，油而不腻；绍兴黄酒温和醇厚，回味悠长；等等。使用地理标志产品的这些特质是其他地区的同类产品所不具有的，不能离开产地特有的自然环境和人文因素。第三，尽管TRIPs协议并未规定地理标志只能适用于哪些产品，但在贸易实践中，各国大多将其用于标示与产地的特定地理条件密切相关的天然产品或天然产品的加工产品以及少量的制造产品。

地理标志是特定地方的特定产品质量与信誉的标志。TRIPs协议要求成员方给地理标志提供法律措施以使利害关系人得以阻止下列行为：一是以任何方式在商品的称谓或表达上明示或暗示有关商品来源于并非其真正的产地，并足以导致公众误认的行为。二是以任何使用方式，按《巴黎公约》构成不正当竞争的行为。三是商标中包含有或组合有商品的地理标志，而该商品并非来自该标志所标示的地域，对此，成员方应依域内法通过职权或经利害关系人申请驳回或撤销注册。四是某一标志虽在字面上真实地指明了商品的产地，但仍足以误导公众，使公众以为该商品来源于另一地域的行为。上述规定实际上体现了TRIPs协议对原产地以外的人关于四个方面的禁止行为：一是禁止以不当方式将地理标志作为商品名称使用。如将中国生产的带汽葡萄酒称作"香槟酒"。二是禁止以不当方式作商品的说明使用。如将并非法国生产的香水在产品说明中称其为"巴黎香水"。三是禁止给不当商标注册。地理标志是原产地范围内特定产品生产者的集体权利，

---

① 汪尧田. 乌拉圭回合多边贸易谈判成果 [M]. 上海：复旦大学出版社，1995.

单个企业无垄断该标志的权利，如果有人将其作为商标申请注册或已经取得注册的，应予驳回或撤销。四是禁止以不正当竞争方式使用。这是一种概括式的禁例，凡是在商品的名称、商号、包装装潢、产地、产品说明及其他方面的使用足以导致消费者对产品的原产地产生混淆、误解的，均在被禁之列①。

（二）地理标志保护的产品范围

地理标志产品包括：一是来自本地区的种植、养殖产品；二是原材料来自本地区，并在本地区按照特定工艺生产和加工的产品。不难看出，地理标志保护在原产地的概念上赋予了新内涵：一是相比原产地，其说明所指对象有较好的质量、声誉和其他特性，而且这些特性不仅与地域的自然因素相关，还与其人文因素相关；二是作为商品的产品，必须以原产地或与原产地相关的地名来命名。国家知识产权局 2020 年印发《地理标志专用标志使用管理办法（试行）》，推进地理标志统一认定，加强地理标志及专用标志使用企业协同监管，同时大幅压缩专用标志使用核准时间，地理标志保护水平显著提升，截至 2024 年年底，我国累计认定地理标志产品 2 544个，核准地理标志作为集体商标或证明商标注册 7 402 件。同时我国积极开展地理标志对外合作，落实中欧、中法、中泰等地理标志保护方面的协定、协议，参与更多国家和地区地理标志保护国际合作。其中，《中华人民共和国政府与欧洲联盟地理标志保护与合作协定》（简称《中欧地理标志协定》）是我国签订的第一个全面的、高水平的地理标志双边条约。2022 年，欧盟委员会受理了我国的金华火腿、太平猴魁茶、富平柿饼、泸州老窖酒、涪陵榨菜、宁夏枸杞等 175 个地理标志的申请，产品类别覆盖了酒类、调味品、茶叶、肉制品、中药材、手工艺品、水果等。中欧双方已顺利完成 350个产品清单公示工作。地理标志保护的产品范围包括以下种类。

酒类：白酒，葡萄酒及果酒，啤酒，黄酒，药酒、保健酒，其他。

---

① 郑成思. 世界贸易组织与贸易有关的知识产权协议［M］. 北京：中国人民大学出版社，1996.

茶叶：绿茶，红茶，黄茶，白茶，乌龙茶（青茶），黑茶，其他。

水产品：水产品。

保健食品：保健食品。

蜂产品：蜂蜜，蜂王浆，其他。

新鲜水果：苹果，梨，柑橘，橙，柚，香蕉，其他时令水果。

中草药材：各类中草药材。

粮食油料：小麦粉，大米，挂面，植物油，动物油，调和油，棕榈油，橄榄油，其他。

瓜果蔬菜：腌制蔬菜，速冻蔬菜，新鲜蔬菜，新鲜瓜果。

加工食品：各类加工食品。

轻工产品：各类轻工产品。

禽畜蛋：猪肉，牛肉，羊肉，鸡肉，香肠，火腿，腌、腊肉，酱、卤肉，蛋制品，其他。

烟草：各类烟草。

其他。

（三）我国地理标志保护存在的问题

我国已经参加了一系列有关知识产权的国际公约，也与许多国家达成了关于相互承认和保护知识产权的双边或多边协定。在短短的几十年里，中国已经走完了发达国家需要上百年，甚至几百年才能走完的路程。但国际社会普遍承认地理标志是一种应当受到保护的工业产权，并且在国际公约和其他国家的法律中已有较为完备的规定可供借鉴的情况下，我国目前明确对地理标志进行保护的法规几近空白。我国现行法律中，可以理解为涉及地理标志的主要有《中华人民共和国产品质量法》《中华人民共和国反不正当竞争法》《中华人民共和国消费者权益保护法》等①。上述法律中规定的与地理标志有关的内容基本相同，即禁止和制裁经营者伪造商品产地，

---

① 产品质量法［Z］. 第18条和第19条. 反不正当竞争法［Z］. 第5条第4项. 消费者权益保护法［Z］. 第50条第4项。

冒用名优标志、认证标志等质量标志的行为。伪造产地不专指伪造地理标志，实践中也可以表现为伪造货源标记。在法律没有明确规定地理标志是质量标志的情况下，冒用地理标志甚至还不能以"冒用名称标志、认证标志等质量标志"论处。并且从上述法律条款的立法本意看，对伪造产地和冒用名优标志、认证标志的行为，立法者也只认为是扰乱市场管理秩序，侵害消费者权益，违反诚实信用的商业道德准则的不正当竞争行为，与将地理标志作为工业产权保护的国际认识水平相去甚远，与包括 TRIPs 协议在内的国际公约的规定也难以衔接，因而也很难使地理标志权利人的合法权益得到充分、有效的保护。《中华人民共和国商标法》第 8 条第 2 款规定，县级以上行政区划的地名或者公众知晓的外国地名，不得作为商标，但地名具有其他含义的除外；已经注册的使用地名的商标继续有效。这一规定可以防止带有县级以上行政区划名称的地理标志被个别经营者作为商标使用或进行商标注册，但如果地理标志使用的是历史地名、自然地名或乡（镇）、村等行政区划名称时，便不能依此规定阻止别人将其作为商标使用，甚至注册为商标。这一规定并不是为保护地理标志而设的，而只是将其作为不具有显著性特征的商标的一种典型情况专门加以强调。相反，该条款中开列了地名具有其他含义的除外情形，以及商标法实施前已注册的使用地名的商标继续有效等例外情况，使不当使用地理标志的行为合法化了。立法的缺陷，直接导致了我国在地理标志的使用和保护过程中产生了诸多问题，具体表现为以下方面。

第一，相当数量的标志被不当注册成普通商标，使特定地域内的全体生产者集体享有的地理标志权成为个别人专有的商标权。目前被注册为商标的著名地理标志多达几十种，尤以酒类商品居多，如茅台酒、汾酒、青岛啤酒等。如自南宋以来即享誉四方的金华火腿的"金华"二字，被某食品公司注册成商标后，导致这一地区祖祖辈辈都生产金华火腿的生产者在一夜之间便被"合法"地剥夺了再生产金华火腿的权利，而注册人生产的火腿即使与"金华"二字完全不相关，也可堂而皇之地向世人宣称只有他的产品才是唯一正宗的金华火腿，其他人生产的金华火腿均系假冒，并可请求行政机关帮助"打假"或诉请法院要求"造假"者赔偿，不公平性一目了然。其他生产者被迫走上"假冒"之路，虽然于法不合，却属情有可原。同样的情况也出现在茅台酒上，茅台从过去到现在一直以地名出现，最初只要是茅台镇上生产的酒都可以叫茅台酒，但自从"贵州茅台"被注册为商标后，茅台镇上的其他酒都不可在商标上标注茅台酒，对茅台镇除贵州茅台以外的其他酒造成了事实上的不公，也造成了地域公共品牌保护的困难——在茅台酒厂的两侧，到处都可见类似"茅台"酒的宣传，虽然其不作为正式商标出现，但也在一定程度上混淆了消费者的视听，对地域公共品牌的价值、渗透力和信誉度都造成了影响。前述此类管理方式作为产业转型升级的阶段性安排有其历史缘由，但需尽快优化改善，以促进区域白酒产业协调发展。

第二，一些信誉卓著的地理标志因长期疏于保护，任其自生自灭，其地域独特性逐渐淡化，沦为商品的通用名称。如盛产于我国云南大理的大理石，现在很少人知道它是大理的特产，不仅别地生产的同类石材也叫大理石，甚至还产生了人造大理石，大理石已成为同类石材的通用名称。同样的情况还有龙井茶、绍兴酒、宣纸等。这对于国家和原产地都是无形资产的严重流失。

第三，冒用、滥用地理标志的现象较为普遍，损害了地理标志的信誉和形象。地理标志代表着产品的优越性能和良好信誉，因而成为一些不法贪利之徒侵害、掠夺的对象，一些非原产地的企业竞相假冒、仿冒地理标志，欺蒙消费者，在侵犯消费者合法权益的同时，也对地理标志的形象和信誉造成了不良影响。某些享有地理标志使用权的生产者不重视产品质量，粗制滥造，或通过联营、许可合同等方式允许原产地以外的企业使用地理标志，违背了国际上地理标志使用的一般规则，构成地理标志权的滥用。

（四）酒类地理标志保护

无论是国内还是国外，酒品一直是地理标志保护的重要组成部分。在我国受地理标志保护的商品类属中，酒特别是白酒占有相当大的比重。加入地理因素的酒在一定条件下可以成为稀缺的嗜好性消费品，也能够带来可观的利润，加上其质量、特征与其原产地的关系特别紧密，因此对酒类商品地理标志的保护也就特别重要。在 TRIPs 协议谈判过程中，各方对酒类商品地理标志的保护格外关注，反映在协议文本中，表现在两个方面：一方面是协议对酒类商品地理标志的规定占用了比较多的篇幅，约占 TRIPs 协议中关于地理标志规定的一半；另一方面是协议规定了酒类商品地理标志特有的保护内容。TRIPs 协议不仅要求成员方禁止用地理标志去标示并非来源于原产地的葡萄酒或白酒（即使同时标出了商品的真正来源地或使用的是翻译文字也不例外），而且还禁止在葡萄酒或白酒上使用"某某类""某某式""某某型""某某种"或以其他类似方式比附地理标志的行为。当诸多葡萄酒使用了同音字或同形字的地理标志时，如属合法使用，TRIPs 协议要求各成员方给予平等的保护，同时又规定在顾及给有关生产者以平等待遇并且不误导消费者的前提下，应确定出将有关同音字和同形字的地理标志相区别的实际条件。

三、酒产区的出现

无论是原产地还是地理标志，都可以说是对客观存在优势的一种认可与认定，但其还停留在"点"的层面，其外延与内涵没有能撬动产业，联动整个产业发展，甚至超出产业本身的范畴。通过构建实体平台和完善制度体系，全方位推动受地理标志保护的原产地产品产业化发展，这样的区域即可称为产区。世界上最早打造酒产区的是法国波尔多，波尔多位于法国西南部，加龙河、多尔多涅河和吉龙德河谷地区有近 11 万平方千米葡萄园，年均产酒 5 亿瓶左右，是世界最大的葡萄酒产地之一。1855 年，法国正值拿破仑三世当政，拿破仑三世想借巴黎世界博览会的机会向全世界推广波尔多的葡萄酒，并且想让全国的葡萄酒商都来参展。于是，他请波尔多葡萄酒商会筹备一个展览会来介绍波尔多葡萄酒，并对波尔多酒庄进行分级。两周后，葡萄酒批发商官方组织对 59 个酒庄进行了如下分级：1 个超一级，4 个一级，12 个二级，14 个三级，11 个四级和 17 个五级。超一级酒庄为：吕萨吕斯酒堡（d´Yquem），一级酒庄为：拉菲（Lafite‐Rothschild）、拉图（Latour）、玛歌（Margaux）和红颜容（Haut‐Brion）。正是这次的定级制度，把葡萄酒真正推上了产区化发展道路。法国葡萄酒分级制度及产区化发展模式的成功让法国葡萄酒闻名世界，也被世界各地的酒庄和葡萄园所借鉴，到今天，无论是"旧世界"的葡萄酒，还是"新世界"的葡萄酒，无一例外地重视产区标识或产区模式运作。

产区标识或产区模式运作的成功不只是葡萄酒利润的提高，还包括知名度的提升。1999 年，法国圣爱美隆葡萄种植区被联合国教科文组织作为文化景观列入了世界遗产目录。这是世界上第一个被列为世界遗产的葡萄种植园区，也是世界上第一个被列入世界遗产目录的葡萄酒产区。随后，圣爱美容区（Saint‐Emilion，法国）、瓦豪（Wachau，奥地利）、上杜罗河（Alto Douro，葡萄牙）、莱茵河中上游河谷（Upper Middle Rhine Valley，德国）、托卡伊（Tokaji，匈牙利）、皮库岛（Pico，葡萄牙）等产区作为文化景观相继被列入世界遗产目录。这一结果超出了产区化发展模式的初始预期：葡萄酒不仅升华为文化符号被世界认同，更展现出其强劲的生命力和深远的影响力。

第二节　葡萄酒产区化的典范——法国

依托得天独厚的葡萄种植条件与深厚的葡萄酒文化积淀，法国成为葡萄酒产区化发展的先驱和典范。特别值得一提的是其葡萄酒分级制度和产区运作机制。

一、法国葡萄酒分级制度的由来

法国葡萄酒分级制度体系的起源可追溯到 1855 年，这一体系可以说是波尔多葡萄酒历史的一面镜子。当时，制定分级表的任务下发给了波尔多的经纪人们，因为在葡萄酒贸易的三方（生产者、酒商、经纪人）中，只有经纪人才具备全面的眼光。酒庄生产者精通葡萄酒酿造工艺，但对产品流通环节的认知有限；而酒商虽然对市场情况了如指掌，却往往缺乏对酿造技艺的深入理解。唯有葡萄酒经纪人具备集生产者和酒商认知于一身的独特优势，他们常年穿梭于各个酒庄，亲自了解葡萄园的种植、采摘、发酵等过程，积累了丰富的酿酒知识。与此同时，他们还与市场保持密切的联系，了解市场需求和趋势，对葡萄酒的销售和贸易有着具体且全面的认知。1855 年 4 月 5 日，波尔多商会致函葡萄酒经纪人公会，要求其提供一份本省红葡萄酒全部列级酒庄的名单，并明确每家酒庄在五个级别中的归属及其地理位置。虽然世博会在当月就要开幕，时间非常紧迫，但幸运的是，经纪人公会早已获取了一切必要信息，所以他们才能在如此短的时间内提供出酒庄的名单。同年 4 月 18 日，名单出炉，被称为"1855 年分级体制"，在 170 年后的今天，该分级制度仍为世界葡萄酒界所尊崇。[①] 如今，法国葡萄酒一般分为四个大的等级：VDT、VDP、VDQS、AOC（新的法国分级是：VDF、IGP、VDQS、AOP，新旧标准将在较长时间内共存）。对于法国葡萄酒来说，AOC/AOP 等级其实是标准比较宽泛的一个等级，在法国各个法定产区中，会根据本产区的实际情况，在 AOC/AOP 等级内再详细划分不同等级。以大家熟知的波尔多产区为例，在波尔多 AOC 等级中，又详细划分为以下等级：一是波尔多大区 AOC。所有波尔多地区产的，只要符合波尔多葡萄酒的种植、酿造法律规定，都可以是波尔多 AOC。具体在正标中体现为"Appellation Bordeaux Controllee"字样，所以看到酒标上标有

---

① 风靡世界的波尔多葡萄酒［J］. 中国商界，2021，(12)：118-121.

"Bordeaux"字样的酒，其实只是波尔多产区中很一般的酒。二是波尔多优级 AOC（也叫波尔多超级 AOC）。该等级的酒也产于波尔多产区，只是相比波尔多大区 AOC 等级的酒，其在酿酒规定上更严格，具体表现为每亩地葡萄年产量更少，以及葡萄成熟时要求葡萄内糖分含量更高。具体在正标中体现为"Appellation Bordeaux Superieur Controlle"字样。三是波尔多区域 AOC。在整个波尔多地区又分了若干个小的区域，有些产酒质量比波尔多平均水平高的地区，为了突出自身，不满足仅仅标识"Bordeaux"字样，他们一般还会标上具体在波尔多的哪个产区。四是波尔多村庄级 AOC。在波尔多划分的各个小的区域中，又会有很多村庄（类似我国的乡村），有一些村庄产的酒会高于该小区域葡萄酒的平均质量水平，为了突出自身，其和波尔多区域 AOC 的做法一样，会标注产地在波尔多的哪个村庄。五是波尔多中级酒庄 AOC。对于这个等级，目前尚处于争议之中。其在酒标中除正常标注属于什么等级 AOC 外，还会特别标注"Crus Bourgeois"字样。其质量和波尔多区域级 AOC 或者波尔多村庄级 AOC 差不多。六是波尔多列级名庄。跻身波尔多列级名庄是波尔多各大酒庄终身的荣耀，也代表波尔多最优秀的葡萄酒之一[①]。对于波尔多列级名庄的评比，波尔多的各个区域又有不同的评比制度，目前最为消费者熟知的是 1855 年波尔多左岸美多克产区的波尔多列级名庄评比，目前共有 61 家酒庄跻身其中，代表了无上的荣耀。跻身于波尔多列级名庄的酒，其酒标上一般会标注"GRAND CRUS CLASSES"字样。

法国葡萄酒的分级制度也在不断更新，对比新旧分级制度，新旧法国葡萄酒分级制度的主要差异在于新分级制度对葡萄酒的分类和标识进行了明晰的调整。新分级制度重新规定了法国葡萄酒的分类方式，使其更加清晰和易于理解。它为有产地的葡萄酒提供了合理的标记，同时也对没有产地标记的葡萄酒进行了明确定义，使消费者能够快速而准确地识别和选择

---

① 何青峰. 法国葡萄酒，分级细细说［J］. 现代苏州，2012（13）：2.

法国葡萄酒的等级。这一变化不仅涉及分级名称的改变，还包括分类规则的重新调整。新分级制度更准确地概括了葡萄酒的产地和特点，对法国葡萄酒的产销具有重要意义。新分级制度的特点在于解决了消费者在面对繁杂的葡萄酒分类体系时的困惑，它使消费者能够轻松地理解法国葡萄酒的分类特点，并便捷地选择适合自己口味和需求的葡萄酒。同时，新制度还有助于强化法国葡萄酒的品牌建设，提高其在市场中的竞争力，促进法国葡萄酒扩大市场份额。这一调整是对葡萄酒分级制度的创新性改进，旨在更好地满足现代市场和消费者的需求①。

二、法国葡萄酒产区运作机制

（一）划定优势产区

法国强调葡萄酒产区产地生态条件对葡萄酒质量有重要影响，根据土壤、水、光照等生态因子将国内适合酿酒的产区划分为 10 大葡萄酒优势产区，还将产区逐级细分成多个次产区，如波尔多（Bordeaux）产区又划分为梅铎（Medoc）等五大产酒区，其中梅铎（Medoc）又可细分为圣特夫塔夫（St- Estephe）等四个小酒区，各小酒区还可细化到葡萄园或庄园。产地区域越小，其环境越适合酿造高档葡萄酒，以突出各区生态资源优势②。

（二）建立分区分类的区域布局

法国在葡萄酒产业集群化发展划分优势区域的基础上，本着适地适种原则，根据生产方向、生态条件和土壤特性确定相应的品种结构，充分考虑酿酒葡萄品种的生态适应性、栽培适应性及酿酒特异性，实现葡萄品种与气候、土壤的协调统一，使葡萄在法国境内各产地的不同生态气候条件下酿造出了各种不同风格、不同类型的酒。如波尔多以产浓郁型的红酒而著称；布艮地则以产清淡型红酒和清爽典雅型白酒著称；卢瓦河谷温和的

①　李猛. 法国葡萄酒的分级及终端市场定位策略研究［J］. 中国民商，2020（2）：2.
②　杨和财，姚顺波. 国外葡萄酒质量等级制度对构建我国葡萄酒质量等级制度的启示［J］. 世界农业，2008（4）：62-65.

气候造就了清爽素淡的酒；香槟清爽区则造就了世界闻名、优雅浪漫的汽酒。法国科学的产区分区、酒种分类的区域布局使法国葡萄酒优质产区发挥了集聚效应，使葡萄酒及相关企业聚集在优势产区内，形成波尔多、香槟等世界葡萄酒著名区，这既提高了产业集聚程度，又增强了产区整体竞争力。

(三) 建立质量等级制度

为促进过程管理精细化，法国建立了法定产区管制系统，拥有一套严格和完善的葡萄酒分级与品质管理体系，即原产地地名控制（AOC），从种植的地理区划、葡萄品种、生态条件、栽培过程到葡萄酒的生产和销售的整个环节都有整套严密、完整的管理办法。在此严格的过程管理的基础上，将葡萄酒划分为四个质量等级，等级从高到低为法定产区餐酒（简称AOC）、优良地区餐酒（简称 VDQS）、地区餐酒（VINS DE PAYS）和日常餐酒（VINS DE TABLE）。其中法定产区餐酒（AOC）等级的酒有关监管法律条文最为严格，这些条例涵盖的因素有：法定葡萄园范围，酿酒葡萄品种，最低的酒精度，每公顷最高产量，葡萄栽培方式（株行距、架式），酿造工艺，修剪方法和管理措施，陈酿工艺，陈酿贮藏条件等，并且整个生产过程具有可追溯性。所有 AOC 级别的葡萄酒都必须经过官方分析及正式的品尝和经过化验的法定产区生产；经过正式品尝通过的酒可获得 INAO 授予的证书。在法国，产区越小，其生产的葡萄酒质量越好①。上述管制措施促使法国葡萄园得以有序发展，为消费者提供各式各样优质且有保障的葡萄酒，大大提高了法国葡萄酒的声誉与质量。

(四) 原产地标志立法

法国于 1919 年就正式制定了《保护原产地名称法》。该法律的有效实施提高了葡萄酒的质量与附加值，由此推动了其他具有原产地域产品保护制度的葡萄酒的发展。1992 年，欧共体第 2081/92 法令明确规定保护食品

---

① 朱加叶，乙小娟. 法国葡萄酒的等级分类 [J]. 中国检验检疫，2008 (10): 1.

和农产品的原产地命名及保护地理标志。1995 年 1 月 1 日，关贸总协定乌拉圭回合最终文件中的《与贸易有关的知识产权协定》（TRIPs 协议）正式生效。该协议第二部分将"原产地标志"与商标、专利、著作权并列作为知识产权保护对象，要求所有 WTO 成员履行保护义务。1996 年 6 月，欧盟为加强对农产品的保护，打击假冒行为，公布了农产品品牌名单，列入这份名单的 318 种农产品包括肉类、奶酪、水果、蔬菜、食油、蜂蜜、果酱、饮料等。欧盟决定凡注册的农产品品牌，只允许在原产地生产，并且只有严格遵守有关标准的生产者才能使用，其他生产者不得假冒[1]。

第三节 葡萄酒产区化发展对白酒的启示

受国外酒品原产地和地理标志保护的影响，我国葡萄酒产区化发展持续推进，目前已形成新疆天山北麓、宁夏贺兰山东麓、胶东半岛、河北昌黎、河北沙城、黄河古道、甘肃河西走廊、云南干热河谷、东北、天津蓟州区十大葡萄酒产区[2]。消费市场趋于成熟，关注重点逐渐从葡萄酒品牌转为葡萄酒品质，健康理性的消费氛围正在形成。随着中国葡萄酒法律监管体系的逐渐完善，中国葡萄酒产区及其质量逐渐得到世界主流市场认可。西方葡萄酒以产区概念的模式提升了人们对其葡萄酒品质的认知。目前，中国知名白酒在欧洲市场上鲜见风光，而法国、葡萄牙、意大利等欧洲国家和美国、智利等美洲国家的葡萄酒在中国却发展得不错，原因之一就是其产区保护做得较好。中国白酒行业对产区保护的重视程度不够，国外葡萄酒产区化发展的经验能够为未来中国白酒打造产区化发展提供重要启示。

---

[1] 王博文，姚顺波，杨和财. 法国原产地保护制度对推进我国优势农产品发展的启示——基于法国葡萄酒原产地保护实证分析 [J]. 经济地理，2010，30（1）：114-117，130.
[2] 产地才是王道——解读"中国葡萄酒产区地图" [J]. 中国酒，2010（5）：62-63.

一、详细而科学的产品分级体系

前已叙及，产区模式打造的初衷是通过分级让消费者更好地了解、认识和品尝产区内的酒品。发展实践说明，世界上大多数成熟且运作良好的葡萄酒产区都高度重视管理，产业发展标准体系完善。世界上的葡萄酒生产大国大都有自己的葡萄酒分级标准和等级体系[①]。这种产品分级体系以质量为标准，综合考虑多种因素，最终形成详细而科学的产品分级体系。作为葡萄酒产区酿造第一车间的葡萄园，其葡萄产出的量和质深受当地自然地理环境的影响，多数葡萄酒产区在介绍的时候都会详细说明其产区的经纬度、全年积温、全年降雨量、全年光照、湿度、土壤质地等，但这只是最基本的，具体到每一年或是某个类型的葡萄酒，还要细化到影响葡萄的热量、雨量和光量等因素在一年四季是如何变化的，例如，在葡萄生产的关键期，气温（具体到月或天的昼夜温差）是如何变化的；降雨的形式是阵雨还是连阴雨。除了气候方面的因素，土壤条件也很重要，不同产区的土壤质地，土层结构以及土壤的营养成分也不完全一样。因此，产区葡萄酒的产品分级体系是建立在对葡萄质量科学而准确的了解的基础之上，这是葡萄酒分级的科学基础[②]。

葡萄酒经纪人在 1855 年作出的评比分级能够很好地反映波尔多葡萄酒的现状，其不仅对列级酒庄，而且对整个波尔多产区的葡萄酒及消费者都起着巨大的推广作用，他们的角色犹如连接线，将葡萄酒的生产者与消费者联系在一起，这一职业群体的专业知识和市场洞察力使他们成为葡萄酒产业中不可或缺的一环，其全面的视野及专业的知识有助于确保葡萄酒能够在到达最终消费者手中时保持最佳的品质，实现葡萄酒产业的可持续发展。世界上很少有能像波尔多一样有如此权威的分级体系的葡萄酒产区。

---

① 马福荣，马丽娜. 打造葡萄酒产区品牌，开展形象宣传问题研究 [J]. 科技信息，2013 (4)：90.

② 赵新节. 发挥产区优势提高葡萄酒质量 [J]. 中外葡萄与葡萄酒，2006 (4)：42-43.

此分级体系对选购葡萄酒的新手来说，不仅起着指南针的作用，而且是可靠与品质的保证。葡萄酒经纪人是因市场化需要而自然诞生的，而在中国白酒产业的发展过程中较为缺乏这一类人才，往往由政府行为来代替经纪人的部分职责（如 20 世纪 60 年代至 80 年代末由商务部、轻工业部等部门组织的五次名优白酒评比会），从而不能完全反映市场的情况，导致了白酒产业发展的不合理性。

这给中国白酒带来以下启示：首先，中国白酒虽然有特级、优级、一级等基本级别的划分，但其划分是企业自己根据工艺流程、储存时间及感官品鉴等来决定的，在某一香型或某一地域范围内并没有形成统一的标准。其次，其对历史、品牌、包装暗合消费心理的过度重视，让消费者把价格高低〔当前中国白酒大致分为六档，≤100 元为低档白酒，100 元~300 元之间为中低端白酒（不包括 100 元），300 元~500 元之间为中端白酒（不包括 300 元），500 元~800 元之间为次高端白酒（不包括 500 元），800 元~2 000 元之间为高档白酒（不包括 800 元），>2 000 元为超高端白酒〕，包装好坏（材质、精细度、大气度等），以及年份长短当成了区分中国白酒优劣的标准。这些标准具有一定的主观性，而非建立在现代生物化学分析检测的基础之上，这是中国白酒的特殊之处，但同时也在一定程度上阻碍了中国白酒与世界酒品市场接轨的步伐。最后，通过对葡萄酒详细而科学的产品分级体系的认识，中国白酒可借鉴相关经验，尽管中国白酒的酿造工艺决定了这一分级标准的建立较为困难，但同时也是可能的。所以中国白酒产业一方面可以借鉴葡萄酒产区的成功经验，注重产区的地域特性，针对各地区的特点，结合原料产地、白酒度数等多方面因素来对中国白酒的质量及等级进行划分，发展独具特色的中国白酒产区；另一方面可以借鉴葡萄酒产业的发展道路，实现更高水平的产区化发展，提升整体产业的竞争力。

二、基于法律和制度框架的契约精神

国外产区的概念绝对不是简单的地理概念，其法定品种、生产方式、气候土壤条件等都是透明的、公开的。而中国白酒产区更多强调品牌，其品种、酿造方式、技术等缺乏相应的标准，当然这与中国传统文化讲究自律、无为而治有关，不太注重用明确条文的形式约束组织内部个体的行为，也很少有相关的正式法律条例出台。要解决这个问题，根本上是要立法。

契约精神是法国葡萄酒产区成功运作的重要因素之一。不同于中国白酒产区，法国产区概念不仅界定地理范围，更构建了完整的法律体系，这种法律框架为产区提供了明确的标准和约束，确保了葡萄酒的品质和地域特性。相较之下，中国白酒产区更侧重品牌营销。值得注意的是，国外葡萄酒产区注重法律规范的执行，从原产地标识，地理保护标志到产区标志，都以法律约束为基础。这些法规的严格执行有助于保护公共品牌，维护国际贸易的信誉，以及增强消费者对产品的信任。中国白酒产区可以借鉴这种注重法律规范执行的经验，建立更为严密的法规体系，以提升公共品牌的价值和保护消费者的权益。在现今，各大企业纷纷为防止伪造产品的出现而设计了独一无二的防伪标志，例如第八代五粮液有防伪溯源系统和"物理+信息"防伪标识，西凤酒全系列产品有"真迹结构"和"结构三维码"防伪标识等，这也说明了中国白酒行业需要明确的法律条文来约束①。

国外部分地区从原产地，到地理保护标志，再到产区，都非常重视法律规范的约束，其对公共品牌及国际贸易的保护往往执行得比较彻底。这点是中国白酒产区化发展可以借鉴的。在中国白酒产区化发展过程中，对于传统工艺（如纯粮固态发酵、古法酿造）尚未形成全国统一的标准体系，许多企业更多依赖地方性规范或行业共识。这一现状客观上增加了市场信息透明度不足的风险，加之部分企业存在过度使用工艺标签的现象，可能影响消费者对产区品牌核心价值的认知。

三、不可忽视的行业协会力量

行业协会的成熟及管理效力、效率的提升，是市场经济充分发展的结

---

① 中国防伪行业协会发布防伪溯源保护品牌十大优秀案例［J］. 中国品牌与防伪，2022（5）：70-76.

果，国外行业协会在制定行业标准，帮助企业发展，攻克技术，规范市场，共渡难关等方面发挥着重要作用。例如在法国乡巴尼，由果农组织的农会和由葡萄酒公司组成的商会的势力强大。虽然农会控制着 90% 的葡萄生产，商会只控制着 10% 的葡萄生产，但 2/3 的香槟酒产量都由商会产生。乡巴尼葡萄酒行业委员会（CIVC）成立于 1941 年，由农会和商会推选代表组成，该会拥有年预算资金 700 万法郎（主要以税收途径获得），如 1991 年每收获 1kg 葡萄，上税 0.13 法郎，每出厂 1 瓶酒，上税 0.06~0.10 法郎，雄厚的资金足以保证各项工作的开展。CIVC 下设 6 个工作机构，主要任务有三个：一是起协调作用，其一方面协调葡萄收购价，避免价格大起大落；另一方面调节葡萄酒市场，以保持市场相对稳定，维护消费者权益。二是改善产品质量，组织培训果农和酿酒人员，宣传生产法规与技术，进行病虫害测报，监测葡萄成熟度及攻关研究等。三是通过各种宣传手段推销香槟酒，包括长期组织记者对香槟酒进行系列报道，出版杂志刊物，组织参观旅游，发行宣传小册子及录像带等。在世界主要香槟酒消费国，还设有专门的新闻处负责对外宣传，有人戏称其为"香槟酒大使馆"。此外，CIVC 还肩负着同一切非法使用香槟酒招牌的侵权行为进行斗争的重任[1]。

　　行业协会在中国白酒等多个行业中的作用一直饱受争议，常常表现为功能微弱，其行业自律及标准制定等行业协会职能的实践效果与市场预期存在一定差距。这一现象部分源自这些协会的运营通常由政府产业主管部门负责，其经费通常来自政府产业主管部门，而非社会或市场。这导致协会的运营机制缺乏灵活性，其权威性和效率也相对较低，常常缺乏广大企业的认可和支持。为了推动中国白酒的产区化发展，可以充分利用当前国家推动行业协会社会化的改革机会。这一改革旨在建立规范化、市场化和具有强制性的行业协会组织，使其能够成为白酒产区化发展的主导力量。这需要协会更多地代表整个行业而非少数几家领军企业的利益，以确保协

---

　　① 翟衡. 法国葡萄酒产区葡萄品种酒种区域化特性研究之七：乡巴尼（香槟）地区的葡萄品种与酒种 [J]. 酿酒科技，1994（6）：60-61.

会的决策和行动符合整个行业的需求。这一改革的重点是建立透明的运营机制，确保协会的财务状况、管理结构和决策过程都具有公开性和可追溯性。同时，协会需要更多地从市场和社会获得资金支持，减少对政府资金的依赖，以提高其独立能力和服务能力。这种改革将使中国白酒行业协会成为支持产区化发展，推动行业品质提升，维护行业权益的有力组织，为中国葡萄酒的可持续发展和国际竞争提供坚实支持，帮助其实现更高水平的产区化发展，提升整体品质，拓展国际市场，实现可持续增长。这一改革有望成为中国白酒行业发展的关键转折点。

四、多维度的产区文化打造

国外葡萄酒庄园尤其是"旧世界"的酒庄，非常重视自身文化的积累、演绎和传播，典型的表现就是把葡萄酒文化融入酒庄、酒堡、酒镇，以及产区的整体推介中，最为普遍的两个手段是旅游和教育。以法国葡萄酒旅游为例，法国葡萄酒旅游是法国葡萄酒产区化发展带动的最为成功的相关产业发展模式之一。法国发展葡萄酒旅游的许多措施和经验为其他葡萄酒生产大国广泛借鉴和仿效。第一，在法国发展葡萄酒旅游的众多实践中，葡萄酒之路（la route de vin）较为突出，并广为传播。葡萄酒之路普遍风景如画，且大多与历史上的交通要道重叠。一个地区通常只推出一条葡萄酒之路，这条葡萄酒之路可以是包含所有酒庄的全线式游览，也可以是明星酒庄的站点式游览。一条条小路串联起一座座童话般美丽的村庄，每个村都有令人流连忘返的酒庄。第二，葡萄酒与美食融合发展的旅游有助于葡萄酒生产者和经销者吸引新顾客，从而扩大产量和销量。因而生产者和经销者乐于积极举办各种推广活动，以提升自家的知名度，吸引更多对葡萄酒、美食以及法式生活艺术感兴趣的游客。鉴于越来越多的游客喜欢在参观后直接在酒庄就餐以便与庄主深入交流，有些酒庄开始尝试组织会餐。第三，葡萄酒博物馆独立运营或者合作经营的酒窖通过对外开放来发展直销，这一做法推动了新的葡萄酒博物馆、休闲空间和葡萄酒庄的创建，葡萄酒旅游的项目越来越多样化，其中葡萄酒博物馆尤为引人瞩目。新一代的葡萄酒博物馆俨然是集参观、学习、娱乐于一体的休闲中心，其通常设置在葡萄园中的最佳位置以吸引游客。第四，葡萄酒结合乡村旅游来留住游客，各产区还提供丰富多样的住宿产品，不仅有常见的宾馆和乡村旅社，还有独具特色的民宿。游客既可走进寻常农家，感受恬淡的乡居生活；也可寻访酒庄，在酒庄中的城堡里体验古色古香的别样民宿；甚至可以敲开古老的修道院的斑驳木门，投宿其间①。中国白酒同样具有产业联动发展的模式，而且可以通过与地域特色自然旅游资源和人文历史文化资源相结合，在旅游休闲方面进行突破。

德国施陶芬小镇以葡萄酒文化闻名于世，吸引了众多慕名而来的游客。从斯特拉斯堡出发，穿过满是葡萄园的群山，在小镇中心竖立着一尊酒神巴克斯雕像，街道两旁到处是露天酒吧。传说浮士德当年就是在这里的一家旅店里把灵魂卖给了魔鬼。葡萄酒小镇因其独特的魅力蜚声全球②。如果中国白酒能够以这种方式注入白酒文化和品牌文化，那么无论是对于行业还是对于品牌，都有非常深远的意义。

五、全程的质量控制体系

葡萄酒的质量首先取决于葡萄原料的质量，而原料的质量则取决于产地的生态条件，以及与之相适应的品种和相应的栽培管理措施。但对于葡萄酒而言，原料的质量只是一方面，它只有通过与之相适应的工艺措施加工，才能在葡萄酒中表现出来好的风味。所以没有优质的原料就没有优质的葡萄酒，但优质的原料却不一定能转化为优质的葡萄酒。在葡萄酒质量的全程控制体系中，需要通过适宜的栽培管理措施来获得优质的葡萄原料；通过与原料相适应的工艺，在酵母菌和乳酸菌的作用下，顺利进行酒精发

---

① 沈世伟，许静娜，黄晓岑. 法国葡萄酒旅游发展的经验与启示 [J]. 宁波大学学报（人文科学版），2016，29（3）：95-99.
② 马轶红. 郎酒：酱香酒谷的产区营销 [J]. 新市场，2012（5）：84-85.

酵或乳酸发酵，并通过控制浸渍，将原料的质量在葡萄酒中呈现出来。这就构成了葡萄酒的全程质量控制体系（T-V-W 体系）①。

而中国白酒的酿造在各个环节中并没有形成与现代工业相接轨的全程质量控制体系，特别是随着近年来白酒塑化剂事件、年份酒事件、食品添加剂事件的出现，中国白酒生产领域在质量环节存在的风险与问题逐渐暴露。中国白酒未来的产区化发展需要形成全过程的质量控制体系，摆脱坚持传统就不能和现代工业生产相融合的思维定式的约束，实现传统的白酒技术与现代科技相结合，开发大众化的白酒市场，并针对差异化需求研发和定制产品②。

葡萄酒保护在立法理念、组织模式、系统管理及市场监管等方面的经验对我国白酒产区化发展具有较强的可借鉴性。借鉴其经验并结合中国国情，按照"科学区划，分区而治，分级而作，突出优势，塑造形象，提高竞争力"的总体思路，创建以优化和重组当前的白酒产区为基础，以原产地保护为手段，建立新的分区分类布局，统一等级标识，制定分级评定的质量等级制度，明确优势产品的定位和优势区域发展的主攻方向，以知识产权文化促进白酒产业发展方式和管理模式转变，推动产业集群化、产业化发展。知识产权的保护将有助于提高白酒产业的竞争力，推动产区内的合作和创新。这一改革将为中国白酒行业注入新的活力，促使其实现更高水平的质量控制和产品管理，以满足市场需求并提升国际竞争力。

全程质量控制体系是中国白酒产区化发展的必然要求，借鉴葡萄酒产业的经验，结合中国国情，有望为中国白酒的可持续发展和国际竞争提供重要支持。通过建立规范的体系，优化产区化结构，提高质量标准，中国白酒行业将更好地满足市场需求，赢得消费者信任，实现长期繁荣。

---

① 龚娅萍，常瑞娟. 法国勃艮第 AOC 葡萄酒管理技术与分级制度 ［J］. 世界农业，2012（10）：112-115.

② 朱定国，程超，程宏连. 中国白酒质量管理和市场发展趋势分析研究 ［M］. YUE Yang，译. 酿酒科技，2019（7）：141-144.

第三章

中国白酒产区发展概况

第一节　中国白酒地理标志保护现状

中国白酒采用固态发酵蒸馏，和液态发酵的葡萄酒相比，虽然中国白酒对原料的依赖度没有那么高，但作为其原料的每一种谷物都有自己的风味、个性和特征，所以中国白酒具有显著的地域差异。例如，在寒冷地带生产的白酒是清香型的，西北地区山西的汾酒和陕西的西凤酒都是如此；而西南地区的四川和贵州生产的白酒则是浓香型和酱香型。这充分说明了地理、气候、环境、人文风俗以及习惯等对白酒的个性、特征都有较大的影响（赖高准，2019），也就是我们通常理解的产区。

一、中国白酒地理标志保护

从 2000 年 1 月 31 日原国家技术监督局发布了绍兴酒原产地域产品保护的批准公告，正式对绍兴酒实施原产地域产品保护开始，国家市场监督管理总局审批通过了许多地理标志酒产品。《2024 地理标志经济社会综合价值指数调研报告》显示，白酒品类在其中是单一品类最大占比者。从当前发展分析，中国白酒的地理标志保护存在以下几个方面的特点：第一，越来越多的白酒生产地开始重视地理标志保护的申报，这些企业不仅包括一些传统的名酒企业，还包括一些区域白酒品牌，如锦州道光廿五贡酒等，而且有相应的国家标准（表3-1）。第二，地理标志保护的主要批准单位为国家市场监督管理总局，但农业农村部、各类行业组织和协会也参与到其中，并颁发了各种与酒类原产地有关的其他地理因素相关标志，如2013年3月中国轻工业联合会、中国酒业协会同意并正式发文授予邛崃市"中国白酒原酒之乡"等。第三，中国白酒地理标志保护的批准除考虑自然因素外，人文因素（主要是历史）也是很重要的因素，这与葡萄酒地理标志保护相比有较大的不同，如江西省南昌市进贤县李渡镇的李渡白酒获批地理标志保护就很好地说明了这点。第四，中国白酒地理标志保护地理尺度划分不统一，既有跨省区的地理标志保护区域，如中国白酒金三角，也有单独企业的地理标志保护区域，如辽宁省朝阳县柳城镇的凌塔白酒。第五，中国白酒消费市场不成熟，地理标志保护酒品缺乏严格的质量监管体系等多种因素导致地理标志保护并没有给中国白酒企业带来直接效益，造成企业对地理标志保护的专用标志证书申请、使用、保值增值的热情度不高。

表 3-1　中国白酒地理标志保护产品及相应标准（邵栋梁，2019）

序号	标准号	年代号	标准名称
1	GB/T 18356	2007	地理标志产品 贵州茅台酒
2	GB/T 18624	2007	地理标志产品 水井坊酒
3	GB/T 19327	2007	地理标志产品 古井贡酒
4	GBYT 19328	2007	地理标志产品 口子窖酒
5	GB/T 19329	2007	地理标志产品 道光廿五贡酒（锦州道光廿五贡酒）
6	GB/T19331	2007	地理标志产品 互助青稞酒
7	GB/T 19508	2007	地理标志产品 西凤酒
8	GB/T 19961	2005	地理标志产品 剑南春酒
9	GB/T 21261	2007	地理标志产品 玉泉酒
10	GB/T 21263	2007	地理标志产品 牛栏山二锅头酒
11	GB/T 21820	2008	地理标志产品 舍得白酒
12	GB/T 21822	2008	地理标志产品 沱牌白酒
13	GB/T 22041	2008	地理标志产品 国窖1573白酒
14	GB/T 22045	2008	地理标志产品 泸州老窖特曲酒
15	GB/T 22046	2008	地理标志产品 洋河大曲酒
16	GB/T 22211	2008	地理标志产品 五粮液酒
17	GB/T 22735	2008	地理标志产品 景芝神酿酒
18	GB/T 22736	2008	地理标志产品 酒鬼酒

二、中国白酒地理标志保护困境

地理标志保护不是靠一个企业、一个区域市场就能够使其发挥作用的，地理标志保护的成熟运用应该是一个产业集群区、一个面向全域甚至全球市场的战略才能撑得起来的。但很多地方或企业在成功申报中国白酒地理标志保护后，由于后续使用和监管不能跟上，出现了许多令人深思的沉痛案例。如四川泸州是中国白酒四大产区（宜宾、泸州、成都、绵竹）之一，目前已取得工业产品生产许可证的白酒企业有300多家。泸州市从2004年年底开始启动申报泸州酒地理标志产品保护工作。2006年1月，原国家质检总局正式批准对泸州酒实施地理标志产品保护。2007年年底，原国家质检总局核准华明酒业等16家企业使用泸州酒地理标志保护产品专用标志，这标志着泸州酒地理标志产品保护工作进入实质性启动运作阶段。生产泸州酒必须获取独特原料，在品质上还要精益求精。要以泸州及其他川南地区糯红高粱为主要原料，并在泸州地域范围内利用其自然微生态圈，按泸州酒传统工艺酿造，酒产品质量特征必须符合《泸州酒质量技术要求》和《泸州酒地方标准》的规定。因此可以说，获批"泸州酒"地理标志保护，是泸州市所有白酒企业追求优质酒的动态质量决策的必然结果。为了确保产品优质特征，泸州市政府规定：禁止在泸州酒产品中掺杂掺假、以假充真、以次充好、以不合格产品冒充合格产品。获准使用泸州酒地理标志产品专用标志资格的生产者，未按相应标准和泸州酒质量技术要求及有关管理规范组织生产的，或在2年内未在受保护的地理标志产品上使用标志的，停止其使用地理标志产品专用标志并对外公告。但中央电视台曾于2013年报道，一些不法商家存在用食用酒精勾兑等恶意欺骗行为，其中有一家号称占地3万多平方米，酿酒窖池300余口，年产曲酒6 000多吨的泸州国宾酒企业在为其20年、30年的年份酒进行招商的过程中存在恶意欺骗行为。据原工商局（现市场监督管理局）网站消息，该企业是成立于2011年10

月 27 日的注册资本为 9 万元的个人独资企业。一位经销商提供的单据显示，30 年窖藏的年份酒的批发价格为每瓶 33.3 元，而当地粮食酿造的酒的成本至少为每斤 10 元，加上包装、酒瓶、人工、酒厂利润之后成本远远高于 33.3 元的批发价，可见，该企业涉嫌用食用酒精勾兑，才会降低成本价。此事件不仅影响到"泸州酒"的声誉，从长远来看，还让消费者对中国的浓香酒、年份酒产生了信任危机。

尽管白酒地理标志保护在规范市场秩序，促进产区标准化生产等方面取得了一定成效，但在制度执行层面仍存在监管标准不统一，企业合规意识参差等问题，部分案例中因个别企业违规行为对产区整体声誉造成了影响，这不得不引起我们的警示。相比单一的地理标志保护，产区体系化的、系统化的管理模式可能对当前中国白酒的发展更为有利和重要。而且以从 2018 年起开始实施的燕潮酩酒国家地理标志保护产品为例，从燕潮酩酒质量技术要求中不难发现，其实际可操作性有限：酿酒用水采用燕山山麓的潮白河水系的地下水，地下水系的连通性让其用水范围较为模糊；原料中仅仅明确符合国家相关标准规定，而未明确其来源是本国还是进口；工艺流程和工艺要求相比浓香型等没有特别之处；质量特色如"绵甜爽净、入口生香、落喉顺畅、余味悠长""具有陈香淡雅的独特风格"等感官特色在概念模糊的同时更是缺乏地域特色，其实际监管几乎不具有参考性。

燕潮酩酒质量技术要求[①]

原料要求

●水：采用产地范围内的燕山山麓的潮白河水系的地下水，水质符合国家关于生活饮用水标准的规定。

●高粱：符合国家关于高粱标准的规定。

●小麦：符合国家关于小麦标准的规定。

---

① DB 1310/T 265-2021. 地理标志产品 燕潮酩酒［S］. 三河古都燕潮酩酿酒有限公司，三河市市场监督管理局. 2021.

● 大米：符合国家关于大米标准的规定。

加工

● 工艺流程：原料处理→配料→混蒸混烧→发酵→蒸堆取酒→分级贮存→勾调→贮存→包装→成品。

● 工艺要求：燕潮酩酒以高粱、大米、小麦为原料。大曲为糖化发酵剂，混蒸混烧，进行单轮、双轮发酵，粮酯比例为 1∶4 至 1∶4.5，单轮发酵期≥60 天、双轮发酵期≥120 天，缓慢蒸馏，量质摘酒，分级贮存，再经勾调、贮存、包装出厂。

（1）窖池：要求连续使用 10 年以上的泥窖池。

（2）原料配比：高粱、大米、小麦按 17∶2∶1 配料，粮酯比为 1∶4 至 1∶4.5。

（3）入窖发酵：原料经配料，润料，蒸煮，加入 20% 至 30% 大曲粉，入窖池，泥封，发酵。

（4）量质摘酒：在蒸馏过程中，去除酒头 0.5kg 至 1kg，然后分级摘取，单独贮存。要求流酒温度为 23℃ 至 35℃。

（5）贮酒：原酒用陶土酒坛贮存≥3 年，调味酒贮存≥5 年。

质量特色

● 感官特色（见表 3-2）。

表 3-2　感官特色

项目	感官要求
色泽和外观	无色或微黄，清亮透明，无悬浮物，无沉淀
卷与	窖香突出，具有较浓郁的以己酸乙酯为主体的复合香气，有舒适陈香
口味	绵甜爽净，入口生香，落喉顺畅，余味悠长
风格	具有陈香淡雅的独特风格

● 理化指标（见表3-3）。

表3-3　理化指标

项目	指标要求				
酒精度/（%vol）	38	42	50	52	60
总酸（以乙酸计）/（g/L）≥	0.30	0.30	0.40	040	0.50
总酯（以己酸乙酯计）/（g/L）≥	1.00	1.50	1.60	1.60	1.70
己酸乙酯/（g/L）	0.4~2.20	0.60~2.50	0.80~2.50	0.80~2.50	0.90~2.50
固形物/（g/L）≤	0.60	0.50	0.40	040	0.40

● 安全及其他质量技术要求：产品安全及其他质量要求必须符合国家相关规定。

第二节　中国白酒产区发展现状

一、中国白酒产区划分现状

中国白酒固有的技术路线是强调产区概念，这也是中国白酒的魅力所在和白酒产业未来的希望。由于各地自然条件和优势菌群存在条件的差异，中国白酒形成了多个不同的产区，其中遵义产区、宜宾产区、泸州产区被称为"中国白酒金三角"，这些地区分别生产的茅台、五粮液、郎酒和泸州老窖等白酒的销售收入占中国十七大白酒企业销售总额的70%左右，其中较能体现白酒灵魂的就是对固有技术的坚守与传承（赖高准，2019）。

关于中国究竟有哪些白酒产区，除了传统的名酒产地，其地理范围和提法尚存在一定的争议。常见的有两种观点，一种是中国有八大白酒产区，另一种是中国有十一大白酒产区。从市场角度来看，国内一盘散沙式的格局向集团整合式的区域性市场转变，形成了风格各异的八大地域品牌（川

酒，黔酒，徽酒，豫酒，湘酒，苏酒，西北酒，东北酒）。从地理概念、白
酒生产及消费集中度来看，全国可分为十一大产区（川酒产区，黔酒产区，
鲁酒产区，皖酒产区，苏酒产区，豫酒产区，两湖产区，华北产区，西北
产区，东北产区，华南产区）。从中国白酒特有的香型来看，国内逐渐形成
了以贵州茅台酒为代表的酱香型，以四川宜宾五粮液和泸州老窖为代表的
浓香型，以山西汾酒、河南宝丰等为代表的清香型，以陕西西凤酒为代表
的凤香型，以广西桂林三花酒为代表的米香型，以湖北白云边、黑龙江玉
泉酒为代表的兼香型，以山东一品景芝为代表的芝麻香型，以贵州董酒为
代表的药香型，以广东玉冰烧为代表的豉香型，以及以江西四特酒为代表
的特香型等香型划分（表3-4）。整体而言，中国白酒的产区主要集中在秦
岭—淮河一线，长江上游、赤水河、岷江水系形成的三角地带，以及长江中
下游地区。具体到各个省份和地区，其生产规模、产品风味、品牌文化都各
具特色，其中四川、山东、贵州、河南、辽宁、湖北、吉林、内蒙古、江苏、
安徽、河北等地是中国白酒的主要产区，也是中国名优白酒的集中地。

表 3-4　中国白酒十二种香型及其代表酒

香型	酱香型	清香型	浓香型	凤香型	药香型	米香型
代表酒	茅台	汾酒	五粮液	西凤酒	董酒	桂林三花
LOGO						
香型	芝麻香型	豉香型	兼香型	老白干香型	馥郁香型	特香型
代表酒	一品景芝酒	玉冰烧	白云边	衡水老白干	酒鬼酒	四特酒
LOGO						

关于香型和地理环境的关系，李寻和楚乔所著的《中国白酒通解》一书中认为，导致中国白酒产生差异的自然因素包括纬度、海拔、地貌、植被、土壤、降雨、风速、日照、菌种与菌群，并绘制了中国白酒香型和气候带对照图。著名酒文化专家、美食家要云先生将其总结为下垫面（度、海拔、地貌、植被、土壤）、气候（降雨、风速、日照）、综合生成要素（菌种与菌群）。

不同香型的白酒在产区地理环境选择方面存在着一定的差异，如清香型白酒典型产区的地温、气温相对较低，且变化幅度较大，空气相对干燥，光照充足，酿造体系与外部环境物质能量交换相对剧烈。而浓香型和酱香型白酒典型产区的地温、气温明显高于清香型白酒产区，且空气相对湿润，光照较少，酿造体系与外部环境物质能量交换相对较弱。清香型、浓香型、酱香型白酒典型产区6—9月份的温度和湿度明显高于其他月份，同时其影响物质和能量传递速率的风速都相对较低，前者影响白酒夏季生产，后者有利于白酒生产微生态环境的稳定和酒曲的制作（王旭亮，2019）。

中国白酒产区发展中，"中国白酒金三角"战略具有里程碑意义。"中国白酒金三角"产区概念由四川省委、省政府于2008年提出，涵盖川黔交界处的宜宾、泸州（川）和遵义（黔）三角地带，总面积5.6万平方公里，其白酒产量占全国20%左右，并集中了五粮液、泸州老窖和贵州茅台三大世界级品牌，其是中国优质白酒的主要产区之一。目前实施的《中国白酒金三角（川酒）地理标志产品保护办法》重点规范了四川境内企业的标志申请、受理、审核及批准流程，在保护监管原则及措施方面对产区内使用中国白酒金三角（川酒）地理标志的企业及品牌做出界定。但这一保护方案略显笼统，特别是没有提及对酿造环境的约束，这一产区概念的真正形成还要依靠其进一步细化，通过细化后的整合才能真正实现产区化建设；而没有分级和细化的整合将会使产区仅限于概念层面，而缺乏实质的内容。在"中国白酒金三角"产区范围内，宜宾、泸州等地都成功申报地理标志产品保护。从原产地保护到地理标志保护，是中国知识产权保护制度在产品地域属性上的一大进步，但有了地理标志保护后如何利用这一资源，以达到推动中国白酒产区化日渐成熟的目的，还缺乏实践和研究。

二、中国白酒产区化发展驱动

产区化发展是中国白酒产业发展趋向成熟的一大特征，具有一定的必然性。但其产区化推进的速度以及效果受其发展驱动的影响。首先是消费升级的驱动，当人们对酒品质量有更好的要求并愿意为之支付的时候，就会对酒品本身的特性及文化属性提出更高的要求，而通过产区的界定，能够增加消费者对产品品质的信任。中国主要白酒产区都有代表性的白酒品牌（表3-5），且除了华南地区外，产区内具有白酒相关国家级非物质文化遗产及国家重点保护文物，或白酒上市公司（表3-6），这些都是产区文化打造的区域禀赋或重要支撑。其次是产业本身发展规律的驱动，在产业发展初级阶段，厂商关注的重点是销售网络及渠道，而产业发展到成熟阶段时，资本更青睐不可复制的产地资源，而非末端的营销[①]。最后是环保政策的驱动，随着国家环保相关政策的落实，环境微生物研究技术进一步发展，众多酒企加大了对酿酒环境方面的研究，从空气、水源、土壤、气候等多方面探索酿造环境对白酒酿造过程的影响，科学评估环境生态承载能力，加强节能降耗与环境污染物防控和治理等，确保酿酒环境良好、稳定。因此，产区是绿色酿造、生态酿造的最佳试验地。

表3-5　中国各区域白酒品牌及国家名酒（王猛和赵华，2022）

地区	品牌	国家名酒
华北	牛栏山、红星、仁和、津酒、衡水老白干、山庄老酒、板城烧锅酒、汾酒、梨花春、宁城老窖等	汾酒
东北	老龙口、辽河老窖、大泉源酒、榆树钱、北大仓、玉泉酒等	无

① 李士燃，徐兴花. 中国白酒产区化发展路径探究［J］. 现代商贸工业，2022，43（8）：12-13.

表3-5(续)

地区	品牌	国家名酒
华东	上海老窖、七宝大曲、洋河大曲、双沟大曲、高沟（今世缘）、致中和、久曲坊、一品景芝、孔府家、古井贡酒、金种子酒、迎驾贡酒、口子窖酒、四特酒、李渡酒、武夷王等	洋河大曲、双沟大曲、古井贡酒
华中	黄鹤楼、白云边、襄江特曲、酒鬼酒、武陵酒、白沙液、宋河粮液、宝丰酒、杜康酒等	黄鹤楼、武陵酒、宋河粮液、宝丰酒
华南	桂林三花、湘山酒、冰玉烧等	无
西南	五粮液、泸州老窖特曲、剑南春、水井坊、舍得、江小白、茅台、董酒、习酒、玉林泉等	五粮液、泸州老窖特曲、剑南春、古蔺郎酒、全兴大曲、沱牌曲酒、茅台、董酒
西北	西凤酒、太白酒、皇台酒、陇南春酒、伊力特曲、天佑德青稞酒、老银川等	无

表 3-6　中国各区域白酒非物质文化遗产（王猛和赵华，2022）

地区	国家非物质文化	国家重点保护文物	上市公司名称	上市时间（年）
华北	北京二锅头酒传统酿造技艺、菊花白酒传统酿造技艺、衡水老白干传统酿造技艺、山庄老酒传统酿造技艺、板城烧锅酒传统五甑酿造技艺、杏花村汾酒酿制技艺、梨花春白酒传统酿造技艺	刘伶醉烧锅遗址（2006，古遗址）、杏花村汾酒作坊（2006，古建筑）	北京顺鑫农业股份有限公司	1998
			山西杏花村汾酒股份有限公司	1994
东北	老龙口白酒传统酿造技艺、大泉源酒传统酿造技艺	无	无	无

表3-6(续)

地区	国家非物质文化	国家重点保护文物	上市公司名称	上市时间(年)
华东	洋河酒传统酿造技艺、古井贡酒酿造技艺、今世缘酒传统酿造技艺	洋河地下酒窖(2006,古遗址)、古井贡酒酿造遗址(2013,古遗址)、李渡烧酒作坊遗址(2009,其他)	江苏洋河酒厂股份有限公司	2009
			江苏今世缘酒业股份有限公司	2014
			安徽古井贡酒股份有限公司	1996
			安徽金种子酒业股份有限公司	1996
			安徽迎驾贡酒股份有限公司	1998
			安徽口子酒业股份有限公司	2011
西南	泸州老窖酒酿制技艺、五粮液酒传统酿造技艺、水井坊酒传统酿造技艺、剑南春酒传统酿造技艺、古蔺郎酒传统酿造技艺、沱牌曲酒传统酿造技艺、茅台酒酿制技艺	泸州老窖窖池群遗址(1996,其他;2013,古遗址)、水井坊遗址(2001,其他)、剑南春天益老号酒坊遗址(2006,古遗址)	泸州老窖股份有限公司	1994
			四川水井坊股份有限公司	1996
			舍得酒业股份有限公司	1996
			四川宜宾五粮液股份有限公司	1998
			贵州茅台酒股份有限公司	2001
华中	宝丰酒传统酿造技艺	无	湖南酒鬼酒股份有限公司	1997
华南	无	无	无	无
西北	西凤酒酿制技艺、太白酒酿制技艺、天佑德酒作坊传统酿造技艺	天佑德酒作坊(2013,古遗址)	青海互助天佑德青稞酒股份有限公司	2012
			甘肃皇台酒业股份有限公司	2000
			新疆伊力特实业股份有限公司	1999

第三节　中国白酒主要产区介绍

一、跨省域白酒产区

跨省域产区是指 2 个或 2 个以上省份构成的大区域，一般来讲，其只有学术研究、产业界定和宣传意义，并不能直接成为品牌酒的价值支撑，而且其划分具有一定的主观性。以下是六个主要跨省域产区。

（一）中国白酒金三角产区

中国白酒金三角产区位于川黔产区，包括四川省内的泸州、宜宾产区和贵州省内的遵义产区，被誉为"地球同纬度上最适合酿造优质纯正蒸馏酒的生态区"。这片地区以其独特的气候条件，丰富的水源和悠久的酿酒历史而闻名于世，是中国优质白酒的主要产区之一。

这里的气候为典型的亚热带季风气候，四季分明、气候湿润且水量充足，昼夜温差及常年温差都比较小，日照时长短，是酿造白酒的理想选择，有利于酒中微生物的发酵。该产区的主要作物是高粱和小麦，高粱是白酒的主要原料，其适应力强，能在不太富饶的土地上生长，且高粱能够在不同季节种植，能够满足不同酒产区的需求。并且这里的人文理念根植于深厚的酿酒传统和文化，酿酒技艺在这一产区代代相传。这里的人们尊重酒文化，他们将白酒制作视为一项重要的传统产业，传统技艺与现代创新融合，共同塑造了丰富多彩的白酒文化，为中国白酒的繁荣和传承提供了坚实的人文支持。

这片地区还催生了众多著名的白酒品牌，包括贵州茅台、宜宾五粮液、泸州老窖和泸州郎酒等。这些品牌不仅在国内享有广泛的声誉，而且在国际市场上具有一定的影响力。它们各自拥有独特的酿造工艺和口感特点，代表了中国白酒的多样性和丰富性。其中贵州茅台被誉为中国的"国酒"，它以完整颗粒的红缨子高粱作为原料，经过复杂的酿造工艺制作完成；而宜宾五粮液以精选的高粱、大米、糯米、小麦和玉米五种粮食以及水为原料酿造，是世界上率先采用五种粮食进行酿造的烈性酒；泸州老窖选取川南有机糯红高粱为原料，坚持传统的"单粮"酿造工艺，酿造出来的酒无色，清亮无沉淀且口感纯净、醇厚。

（二）两湖产区

两湖产区位于长江中游，包括湖南、湖北、江西等省份，与两江流域相邻，拥有鄱阳湖及洞庭湖两大淡水水域。其中，鄱阳湖是中国的第一大淡水湖，这里的土壤为河泥堆积而成，其有机质含量高，土壤肥沃，且这里属温带季风气候，雨热同期，有利于作物的生长培育；洞庭湖区是典型的亚热带季风气候，这里四季分明，降水充沛且降水季节集中，夏季高温炎热，常出现梅雨、伏旱天气，冬季寒冷多风，为白酒酿造创造了理想环境，有利于白酒微生物的发酵。

两湖流域独特的自然资源和环境气候，造就了此区域白酒香型的丰富性，其作物主要有水稻、小麦、玉米、苞谷等。在湖北产区，白酒品牌以清香型为主，其口感清香醇厚，入口柔和，著名的品牌有黄鹤楼、白云边、稻花香等。在湖南产区，白酒品牌以馥郁香、酱香型为主，其中，著名品牌酒鬼酒是馥郁香的开拓者，它同时兼有清香、浓香、酱香三种香型的特点，其色泽透明，入口香甜醇厚，回味悠长；武陵酒是酱香型白酒，其酱汁口味突出，口感高雅细腻；邵阳老酒则是清香型白酒，其具有酒体丰满，爽口清甜的特点；白沙液是兼香型的标杆，其浓香纯正，口感醇厚。在江西产区，白酒品牌以浓香型为主，相较两湖产区的其他产区，江西产区白酒以醇厚、浓郁、鲜香为特色，其中著名品牌有金奖双喜、金沙水韵和朝日红等，著名酒类有四特酒、章贡酒、堆花酒等。得益于两湖产区悠久的饮酒文化和根深蒂固的饮酒传统，这里美酒群集，香型多样，有清香、酱香、兼香、浓香、馥郁香等香型,是香型的集大成者。

(三)华北产区

华北产区涵盖北京、天津、山西、内蒙古东部、河北、山东等地区,其中北京和天津的白酒多有清香细腻,入口柔和,口感醇厚的特点,其代表品牌有舍得、董酒等;山西、内蒙古等地天气干燥,地质偏碱性且高粱种植面积广阔,代表品牌有汾酒、竹叶青、陈酿等。

华北产区是典型的暖温带半湿润大陆性季风气候,四季分明,夏季高温多雨,冬季寒冷干燥,春、秋两季相对较短且气候干燥,主要作物有高粱、小麦等,该产区山地较多,地形复杂,不同地区的气候和土壤条件使得各种作物在此生长茂盛。这一产区拥有精湛的酿酒技艺传统,酿酒历史可以追溯至数千年前,酒文化在当地社区中扮演着重要的角色,且酿酒技艺代代相传,被视为宝贵的文化遗产。

华北产区主要生产清香型的白酒,其中山西汾阳盛产的汾酒较为出名,有四千多年的历史。汾酒的香型浓厚,常伴有小麦和谷物的香气,口感层次丰富,酒体醇厚。北京的二锅头采用传统的"老五甑"工艺酿造而成,其酒液清亮透明,入口爽洌甘润,酒力强劲,回味悠久。天津的芦台春也有自己的特色,其酿酒水源采用的是燕山山脉弱碱性纯天然矿泉水,纯粮酿造,再结合特定的自然条件,酿制出的酒风味独特,口感绵柔,回甘性强。

(四)西北产区

西北产区涵盖甘肃、陕西、青海、宁夏、新疆和内蒙古西部等地区,远离海洋且南边靠近高原,大多处于非季风区域,常年降雨较少,形成了干旱和半干旱气候特征。该产区气候干燥,主要作物有高粱、青稞和晚熟小麦等。西北地区的文化和环境深刻地影响着这里的人们,这也反映在当地的白酒之中。西北的土地因其浓厚的历史文化底蕴,孕育了一种独特的白酒,与其他地区的白酒相比,西北白酒兼具刚烈和温情的特性。其酒体醇厚，烈酒中透着一丝柔情，这使得西北白酒像西北人一样，既坚韧又充满深情。这种白酒是对这片土地的真挚表达，也是一种生活和情感的象征，呈现了西北地区厚重的历史和多彩的文化传承。

其中新疆产区生产的伊特利酒是新疆较为著名的浓香型白酒，其原料是青稞，此白酒酒体纯净，口感绵甜。陕西的西凤酒首创凤香型酿造体系，其入口醇厚饱满，浓而不腻，清而不淡，余味悠长。宁夏产区的多粮浓香老银川酒，其窖香浓郁，高雅清爽。西北产区较为著名的白酒品牌还有太白酒、天佑德青稞酒、大夏贡酒等。

（五）东北产区

东北产区主要涵盖黑龙江、辽宁、吉林三个省份，包括辽河水系和松花江水系，东北产区受海洋性气候的影响，气候较为寒凉，冬麦的水分含量会减少，但相对地，糖分会增多，这为酿制白酒提供了优良条件。东北产区有很丰富的土壤资源，这里的黑土中富含的有机质是黄土的100倍，主要作物有高粱、小麦、豌豆等。东北素有"粮仓"之称，近年来东北地区成为整个酒行业的原粮基地。

东北产区的酒文化早在古代辽金时代就已开始，且东北产区的白酒普遍度数较高，口感辛辣十足，如同本地人的性格一样具有活力与生机。东北产区较为著名的品牌有北大仓酒，它是酱香型白酒，口感幽香纯正，入口醇厚饱满，余香悠久；还有老龙口白酒，其选取富含矿物质的矿泉水质酿造，具有浓头酱尾、醇厚绵甜的特点。其他具有代表性的品牌还有玉泉酒、老村长酒和龙江家园纯粮口粮酒等。

（六）华南产区

华南产区主要涵盖广东、福建、广西、海南等省份，华南产区地处亚热带和热带季风气候区域，气候温暖湿润，主要种植作物是玉米、高粱等，盛产米香型、豉香型白酒。谈到华南的白酒产区，就不得不提广西这个米香型白酒的发源地，广西著名的白酒有桂林三花酒、湘山酒，其都是以大米为原料酿造，且广西的酒文化十分浓郁，广西人喜欢热闹，性格热情开朗，常在酒桌上猜码划拳。广西的白酒会有些辣口，其香气和口感回味淡，米酒的特点更为突出。此外还有广东产区的豉香型白酒玉冰烧、红米酒、九江双蒸酒等，其中玉冰烧有一项特殊的工艺，就是先将蒸好的米酒倒入大瓮中，然后浸入肥猪肉，经过大缸的陈藏与精心勾兑，最后酿成的白酒酒体白净冰清，滋味醇厚饱满。还有一种著名的米香型白酒——南台白酒，它具有百年历史的传统工艺，其产区背靠世界自然遗产南台山卧佛奇观，环境优美，其酿造体系恪守客家古法，以自培酒糀为核心，形成了独特的口感，诠释了自然风土与人文技艺的共生范式。

二、省域为主的白酒产区

（一）川酒产区

川酒产区涵盖四川省内的宜宾、泸州、成都、绵竹等地，这些地区因其丰富的自然资源和独特的地理、气候特征而在中国白酒产业中占有重要地位。每个产区都有其独特的特点和优势，白酒产业集聚发展（表3-7）。宜宾产区作为川酒产区之一，以其浓香型白酒而著称。该地区拥有悠久的酿酒历史，传统的固态酿造工艺让它在白酒界占据重要地位。宜宾的土地肥沃，水资源充足，气候温和，这为酿造高质量的白酒创造了得天独厚的条件。宜宾产区的代表性品牌包括五粮液和宜宾酒等。泸州产区是另一个重要的川酒产区，以独特的浓香型白酒而著名。泸州被认为是浓香型白酒和酱香型白酒的最佳原产地之一。泸州老窖作为中国最古老的四大名酒之一享有盛誉。泸州被称为标准化的酿酒高粱产地，并且致力于产区的生态保护，其独特的气候条件及自然环境为微生物的发酵创造了最适宜的条件。德阳产区作为川酒产区之一，以浓香型白酒为主。德阳产区地处龙门山脉，气候温和湿润，这为高质量白酒的酿造提供了理想的条件，剑南春等品牌在这个产区备受推崇。成都作为四川的省会，同时也是川酒产区的一部分。

成都气候温和，湿度高，水质条件达标，培育了一系列优质的白酒品牌，比如舍得和水井坊等。

表 3-7 四川省主要白酒产业园区分布情况表（何林等，2019）

行政区划		园区名称	代表企业
泸州市	龙马潭区	四川泸州经济开发区	泸州老窖、四川唐朝老窖、泸州市窖酒等
	龙马潭区	石洞白酒产业园	郎酒集团浓香基地项目、龙泉窖酒厂等
	江阳区	中国白酒金三角酒业园区	泸州老窖
	纳溪区	中国酒镇·酒庄	巴蜀液酒业、华明酒业、八仙液酒业
	古蔺县	古蔺县经济开发区	四川古蔺郎酒厂
	泸县	华夏龙窖白酒产业园	泸州白云酿酒、泸州芦台春酒业、泸州陈年窖股等
宜宾市	翠屏区	四川宜宾五粮液产业园区	五粮液
	南溪区	四川南溪经济开发区九龙食品园区	六尺巷酒业、汉邦酒业、恒生福酒业
	叙州区	五粮液产业园 B 区	川兴酒业、叙州液酒业
	长宁县	长宁工业区	弥延酒业、国美酒业、安宁烧酒厂、金竹酒业
	江安县	江安阳春工业区	宜宾盛世华夏酒业
成都平原	邛崃市	四川邛崃经济开发区	川池集团股份有限公司、古川酒业、邛崃金六福崖谷生态酿酒有限公司等
	蒲江县	蒲江大塘工业集中发展区	全兴大曲
	绵竹市	四川绵竹经济开发区名酒食品工业园	剑南春

川酒产区以其独特的地理、气候特征以及丰富的资源，为中国白酒的生产提供了有利条件。宜宾、泸州、德阳和成都四大产区各自有着独特的优势，它们共同构成了川酒产区的多样性和丰富性。这些地区的著名品牌为中国白酒产业的繁荣和发展作出了卓越贡献。

（二）黔酒产区

黔酒产区位于中国的贵州省，包括仁怀市、遵义市、贵阳市等地。该地区以其独有的特征而在中国白酒产业中崭露头角。黔酒产区位于亚热带湿润气候区，其气候条件对于白酒的生产非常有利。这一地区夏季炎热多雨，冬季较寒冷干燥，昼夜温差明显。这种气候特征为微生物的生长和酒的发酵提供了良好的环境，有助于酿造优质白酒。高粱是主要的酿酒原料，贵州省拥有广阔的高粱种植面积和丰富的高粱资源，这为黔酒的生产提供了充足的原料。高粱在黔酒的酿造过程中发挥着关键作用，赋予了酒体独特的风味和口感。贵州省是中国酱香型白酒的核心产区之一，该产区拥有悠久的酿酒历史和丰富的酒文化，黔酒以其独特的酿造工艺和口感而备受推崇。酒文化在这一地区备受重视，各种酒文化活动的举办促进了黔酒产业的发展。黔酒有自己独特的酿造工艺，其采用传统的固态酿造工艺，包括糖化、发酵、蒸馏等多个环节。这一酿造工艺经过长期的积累和传承，非常注重原料的选择和酿造过程的控制，以确保黔酒的品质和口感达到最佳状态。在酿造过程中，特殊的酵母菌和微生物群的使用为黔酒增添了独特的风味和口感。黔酒的陈酿过程也是其工艺的关键环节。黔酒的陈酿时间较长，通常可以达到数年甚至更长。在陈酿过程中，黔酒与木桶接触，吸收了木桶中的香气，因此酒体更加醇厚，口感更加柔和。这一陈酿过程赋予了黔酒的品质和口感独特的特点。

黔酒的原料选择和独特工艺等共同塑造了黔酒的独特风味和口感，使其成为中国白酒产业中的一颗璀璨明珠。黔酒的酿造工艺独具特色，注重原料的选择和酿造过程的控制，以确保酒的卓越品质。黔酒的陈酿过程赋予了酒体更多的层次，使其成为令人向往的美酒。

（三）鲁酒产区

鲁酒产区位于中国山东省，是中国白酒产业的重要组成部分。山东省拥有悠久的酿酒历史和深厚的酒文化传统，因此鲁酒产区在酒类产业中崭露头角。鲁酒产区的地理条件和气候环境得天独厚，非常适合白酒的酿造。

山东省处于暖带季风气候带，四季分明，夏季炎热多雨，冬季寒冷干燥，这种气候条件为微生物的发酵创造了理想的环境。山东省的地貌多为平原和丘陵，土壤肥沃，水资源丰富，这为高粱、小麦等谷物的种植提供了有利条件。高粱也是鲁酒的主要酿造原料，而山东省的高粱种植面积较大，产量也较高，这为鲁酒的生产提供了充足的原料。高粱在山东的土壤和气候条件下生长得很好，具有高品质，这有利于确保鲁酒的原料质量。

鲁酒产区非常重视传承和发展酒文化，通过定期举办各种酒文化活动，如酒文化节和酒文化展览等，推动酒文化的传播和鲁酒产业的繁荣发展。这些活动吸引了众多游客和白酒爱好者，促进了酒文化的传承。鲁酒产区还拥有众多知名的鲁酒品牌，包括景芝、古贝春、扳倒井等。这些品牌以其独特的风味和高品质而享有盛誉，它们代表了鲁酒产区的酿酒工艺和文化传统。鲁酒的特点主要体现在其酒质和口感上。鲁酒的口感醇厚，香气浓郁，保持了传统浓香型白酒的特点。其窖香淡雅，使人回味无穷，是白酒爱好者钟爱的佳酿。

（四）皖酒产区

皖酒产区位于中国安徽省，包括山区、平原和丘陵地带，多样的地理条件和良好的气候环境使得安徽成为酿造白酒的理想之地。安徽省不仅拥有丰富的自然资源，还承载着悠久的酿酒历史和深厚的酒文化传统。

皖酒主产区安徽省的地理位置独特，位于中国的东部，东临长江，南濒江苏、浙江，北接河南，地势起伏不平，既有山区，也有广袤的平原。这种多样的地理条件为白酒原料的种植提供了广泛的选择。高粱也是皖酒的主要酿造原料，而安徽省的高粱种植面积较大，产量较高，这为皖酒的生产提供了充足的原料。高粱在安徽的土壤和气候条件下生长得很好，具有高品质，这有利于确保皖酒的原料质量。安徽省属于亚热带季风气候，四季分明，夏季炎热多雨，冬季寒冷干燥，这种气候条件为白酒的酿造提供了理想的环境。温暖的气候有助于高粱的生长，而四季分明的气温变化也为酒液的陈酿创造了良好的条件。同时安徽省有着悠久的历史和丰富的文化，尤其在酿酒方面。安徽省还拥有众多知名的皖酒品牌，其中包括古井贡、迎驾贡、皖酒王等。这些品牌以其独特的风味和较高的品质而享有盛誉，它们代表了皖酒产区的酿酒工艺和文化传统。

皖酒的特点主要体现在其酒质和口感上，皖酒以其独特的风味和绝佳的品质而备受推崇。皖酒的酿造工艺经过长期的积累和传承，注重原料的选择和酿造过程的控制，以确保皖酒的品质和口感达到最佳状态。皖酒的口感醇厚，香气浓郁，保持了传统浓香型白酒的特点。

（五）苏酒产区

苏酒产区位于中国江苏省，是中国白酒产业的关键组成部分。江苏省以其独特的酿酒环境和丰富的酒文化而著称。苏酒产区具有独特的自然条件，其将水秀山灵、古韵今辉和美丽富饶的形象融入了酒的酿造过程。其酿酒环境优越，拥有世界三大湿地酿酒产地之一，这里湿度大，气候温和，来自青藏高原的优质水源以及独特的五色土使其成为多种酿酒微生物富集的天然之地。这些自然条件有助于培育高质量的酿酒原料，为苏酒的生产奠定了坚实的基础。在人文方面，江苏省拥有悠久的历史和深厚的文化传统。苏酒产区致力于传承和发展酒文化，通过举办各种酒文化活动，推动苏酒产业的发展。江苏省同时也是中国白酒消费市场的重要地区之一，具备较强的消费能力，这为苏酒的市场发展提供了有力支持。苏酒还以其绵柔淡雅的风味而著称。江苏浓香型白酒在长时间的发展中，通过酿酒工艺的不断学习和本地化改良，逐渐形成了"甜绵软净香"五味和谐的绵柔淡雅浓香型白酒。这种口感特点使苏酒成为了白酒爱好者钟爱的佳酿之一。

苏酒产区拥有许多知名的白酒品牌，其中洋河、双沟、今世缘等备受推崇。这些品牌在江苏市场享有较高的知名度和较大的市场份额，代表了江苏省酒文化传统和酿酒工艺的杰出表现。这些品牌以其独特的风味和高品质，受到了众多消费者的喜爱。

三、城市白酒产区

城市白酒产区较为常见，既有地级市，如四川宜宾、泸州，贵州遵义，江苏宿迁等，也有县级市，如贵州仁怀、四川邛崃等。特别是邛崃产区，号称"中国原酒之乡"。"邛崃"二字在藏语中意为"盛产美酒的地方"，二十世纪八九十年代，邛崃曾拥有白酒生产企业1 600多家，原酒产量占全国的近70%，一年销往省外原酒约占出川原酒的80%。2023年，中国酒业协会在"成都论坛·白酒产区发展论坛"上发布了《以邛崃为核心的成都产区特质研究报告》（以下简称《报告》）。该《报告》通过地理、生态、历史、人文等多维度，解码成都产区·邛崃酿酒的生态特质和原酒特质，阐述了产区在白酒产业发展方面的特质和优势。当然不仅仅是邛崃这一县级市，成都白酒产区的提法早已由来已久，几年前，中国白酒界的几位泰斗齐聚一堂，围绕西岭雪山水土与川西白酒风格形成、成都地区酿酒微生物群系、成都平原酿酒历史等讨论成都白酒产区相关问题。在此，我们仅举一些公认并成熟的城市产区。

（一）泸州产区

泸州产区位于中国四川省东南部，是著名的白酒产区之一，其以悠久的酿酒历史和独特的酿酒文化，以及浓香型和酱香型白酒而著称。泸州产区地处四川省东南部，包括泸州市及周边地区，其地理条件得天独厚，位于岷江、金沙江和长江的交汇处，地势多为山地、丘陵和平原，土地肥沃，水资源丰富，为白酒原料的生长提供了有利条件。泸州产区属于亚热带湿润气候区，气温较高，日照充足，雨量充沛，四季分明，无霜期长。夏季多雷雨，冬季多为连绵阴雨天气。这种气候条件有利于白酒原料的生长和酿造，能够确保酒质的稳定。泸州市被誉为"中国酒城"，代表了中国酒文化的一部分。这一地区注重传承和发展酒文化，通过各种酒文化活动推动了泸州白酒产业的发展。著名的白酒品牌是泸州产区的亮点之一，其中包括泸州老窖、郎酒、剑南春等，这些品牌以其独特的风味和高品质而享有盛誉，不仅在国内市场广受欢迎，而且在国际市场上具备竞争力。泸州产区白酒的特点主要体现在其独特的风味和口感上，其中浓香型白酒以香气浓郁，口感醇厚而著称，酱香型白酒则以其独特香气，醇和口感而备受青眛。这些白酒通常具有浓烈的香气，醇厚的口感和悠长的余味，是白酒爱好者钟爱的品类之一。

泸州产区采用传统的酿造工艺，包括固态发酵、蒸馏和陈酿等环节。其中，固态发酵是泸州白酒的特色之一，通过将酒曲和酒料混合发酵，赋予了白酒独特的风味和口感。这一酿造工艺的传承和创新确保了泸州白酒的优良品质和独特风味的持续发展。

（二）宜宾产区

宜宾产区位于中国四川省东南部，是中国著名的白酒产区之一，被中国酒业协会和中国轻工业联合会授予"中国白酒之都"称号，其以丰富的酿酒文化，浓香型白酒和优质白酒品牌而著称。宜宾属于亚热带季风气候，空气温和湿润、流通稳定，日照量少，无霜期长。从地质上看，宜宾周边山区有老地层，富含磷、铁、镍、钴等多种矿物质，特别适合古窖池群中微生物共同构成的立体微生物群落。从水质上看，宜宾水系溪流纵横，拥有三江九河，地表水和地下水经过层层渗透，水质纯净，硬度低，酸碱适中，含有多种微量元素，是酿酒的最佳用水。从土壤上看，宜宾特殊的地形地貌形成了宜宾特殊的紫色土、水稻土和新积土等，这些土壤土层深厚，结构性好，熟化度高，矿物养分含量丰富，适合种植糯、稻、玉米、小麦、高粱等酿酒作物。在北纬28度世界黄金酿酒带上，宜宾的某一个或几个地理环境因子可能在其他地方也存在，但气候、土壤、地形地貌、水等自然地理因子结合得如此好的却只有宜宾。自然地理环境对白酒酿造的影响，不仅体现在空间维度上，更体现在时间维度上，地理环境的良好保持及数千年酿酒过程中微生物的繁衍，造就了最适宜浓香型白酒酿造的独特的微生物环境。可以说，由各自然地理因子耦合而形成的微地理环境是五粮液"各味谐调"，酒味全面，风格独特，从而脱颖而出的生态基础。作为历史文化名城，宜宾有4 000多年的酿酒传统，悠久的历史为宜宾的白酒文化注入了独特的底蕴。宜宾是众多知名白酒品牌的发源地，包括五粮液、叙府、红楼梦、故宫、高州、恒生福、国美、李庄等。它们主要以多粮型浓香型酒为主，外观无色或微黄，清亮透明，多粮复合香气浓厚，酒体醇厚丰满，余味悠长，风格独特。宜宾白酒通常具有浓烈的香气，醇厚的口感和悠长的余味，也是酒爱好者钟爱的品类之一①。

四、白酒酒庄案例

目前各个层级的白酒产区划分有着较深的传统香型划分烙印。需要补充说明的一点是，产区往往是突破香型的，如同样是酱香产区，茅台镇产地的甲醇含量低于承德产地；茅台镇产地的正丙醇含量为承德产地的 2~4 倍；茅台镇产地的仲丁醇、异丁醇含量略高于承德产地。而在茅台镇产区，如相距很近的茅台、郎酒、习酒、国台，由于地理环境（包括微生物、气候等）的细微差异，酒中微量香气成分及其相互间的量比关系也不同②。这说明同一香型在不同产地的呈香物质是有差异的。这一方面说明以香型区分有一定的局限性，另一方面也为产区划分的小尺度、精细化提供了依据。如一个县域、一个镇、一个白酒生产集中区都有可能冠以产区的概念。这既是白酒产区发展之幸，也是白酒产区发展亟待科学规范的问题。在此举两个小产区的例子。

（一）子均邓公液酒庄

宜宾子均邓公液酒业有限公司坐落于宜宾酿酒核心区——三江交汇点方圆 15 公里内的岷江江畔的莱坝镇，这里气候湿润，四季常青。该公司初始名称为"四川省宜宾市胜利曲酒厂"，2005 年"厂"经区政府批准改制为"有限责任公司"，该酒厂更名为"宜宾子均邓公液酒业有限公司"，是宜宾首批获得酒类生产许可证的企业之一，也是 17 家获得地理标志保护产品认证的白酒企业之一。2019 年厂区完成酒庄式改造（图 3-1），其以更加优美的环境展示酿艺文化，同年获评"全国生态酒庄"。子均邓公液酒庄紧

---

① 黄均红. 宜宾盛产美酒的奥秘及人文地理条件 [J]. 中国白酒文化节会刊，2011：47.
② 唐平，卢君，毕荣宇，等. 赤水河流域不同地区酱香型白酒风味化合物分析 [J]. 食品科学，2021，42（6）：274-281.

靠岷江水系，有特别优质的弱酸性紫红土，它黏性强，微碱弱酸，富含多种矿物质，最宜作为五粮浓香型酒窖的窖泥培养土；山泉经砂岩自然过滤，水中金属物质含量极低，硬度小，清冽甘甜，系最佳酿造用水，为酿造高品质酒提供了得天独厚的环境。

图 3-1　子均邓公液酒庄内景

（图片来源：子均邓公液酒业有限公司）

酒庄的历史可追溯到"五粮液创制人"邓子均。1932 年，邓子均向当时的中华民国政府正式申请且成功注册"五粮液"商标，新中国成立后，他"大义献秘方"，为五粮液酒业奠定了坚实的技术基础，为地方经济发展作出了卓越贡献。1991 年，五粮液酒文化博览馆建立邓子均塑像，充分肯定了邓子均对五粮液创制传承不可磨灭的功绩。邓子均还被编入宜宾名人《宜宾市志》《南溪县志》，入选五粮液集团有限公司编纂的《五粮液志》。其毕生酿酒心得由其子邓龙光、孙邓真远、曾孙邓英代代传承，至今已逾百年。

子均邓公液酒庄恪守邓子均传统酿酒技艺，遵守宜细、宜小、宜深原则，精选天然物质建造窖池，专人精心养护，从未间断生产，确保 150 多种微生物生生不息、持续繁衍。同时，其在选粮、制曲、发酵、蒸馏、陈酿、调酒等数十个环节精益求精，并且真实传承和使用古法制曲、万年续糟、多轮发酵、观糟配料、分级陈酿等经典技艺（图3-2）。《邓子均传统酿酒技艺》于2021年被确定为宜宾市非物质文化遗产，2023年被确定为四川省非物质文化遗产。

图3-2　子均邓公液酿酒车间

（图片来源：子均邓公液酒业有限公司）

该酒庄以打造中国传统白酒典范为目标，以酿造出更好的品质为永恒的追求，注重限量出品。其一，限量可保原料精纯，酒庄坚持祖传秘方"质纯、色清、味香"的要求，对高粱、大米、酒米、麦子、苞谷等优中选优，确保五粮真味之品质；其二，限量可保手工精酿，酒庄坚持手工酿造，精耕细作，诠释传统手工之真谛；其三，限量可保陈酿到位，酒庄坚持严选原酒，陶坛盛装，自然存放，缓慢转化，同时精心管理，用时光铸就醇香。其品牌"子均邓公液"于2018年荣获香港国际美酒大赛唯一金奖。

酒庄还延续中华民族"师徒传承，技艺薪火相传"的传统美德（图3-3）。学传统酿艺，头三年为徒，工资不减，但要求见人称师；满三年称工，技艺到位者，可学掌火；十年称师，技艺精进者，可带班带徒。

图 3-3　子均邓公液第三代传人邓真远指导工人酿酒

（图片来源：子均邓公液酒业有限公司）

依偎在岷江之畔的子均邓公液酒庄并不大，也不奢华，其与国内众多的酒庄相比，甚至有些简单、质朴。酒庄中央是立着邓子均雕像的文化广场，围墙边有小桥流水的子均邓公亭，这是酒庄最醒目的标志。但"小而美，小而精"的子均邓公酒庄恪守传统酿造技艺，传承传统酿造文化，有望打造成为未来中国白酒中的"拉菲庄园"，再现五粮浓香百年传承之经典风味，坚守为消费者酿造好酒，为保护中华民族优秀传统工艺贡献力量的初心。

（二）沈酒酒庄

沈酒集团建有两个酒庄，一个是位于四川省泸州市叙永县向林镇的中国沈酒庄，另外一个是位于四川省泸州市江阳区邻玉街道的沈子国酒庄。

中国沈酒庄为国家 4A 级旅游景区，源自已有 650 多年历史的沈酒坊，曾荣获首届"中国名酒庄"、中国首批"特级酒庄"、四川省首批"省级竹林人家"等多项荣誉称号。酒庄坐落于赤水河畔的中国白酒金三角产区核心腹地，与国家级自然保护区画稿溪为邻。这里青山绿水，钟灵毓秀，为川南糯红高粱的种植和酒庄中酒的储藏创造了得天独厚的条件（图3-4）。中国沈酒庄现由中国名酒大师，沉香型白酒泰斗，中国酒业大国工匠，沈酒坊第21代传人沈荣柄及其团队经营，致力于打造酒业生产景观，传承非遗古法技艺，集游客旅居文化等于一体。酒庄占地面积数百亩，内有沈酒文化博物馆、沈府宴酒、鸿林书院，以及长达5公里的沉香洞（丹霞地貌的天然地下藏酒洞）、沈酒赋浮雕墙、百酒图浮雕墙、沈氏宗祠等景观。酒庄规模恢宏、古朴精致，建筑风格颇受海内外游人喜爱，获得广泛好评，被业界誉为"酒界中国历史文化、建筑文化之大成"。中国书法家协会名誉主席沈鹏为中国沈酒庄题写庄名；酒界泰斗秦含章曾点赞，"中国沈酒庄，天下有名声"。

图3-4 中国沈酒庄全景

（图片来源：沈酒集团提供）

沈子国酒庄（图3-5）为国家3A级旅游景区，也是首届四大"中国名酒庄"之一。传说其创始人沈子国始为周文王姬昌第十子，周武王姬发的胞弟聃季载，因协助周公平叛有功，被封于沈国，初为侯国，周厉王时被贬为子国，所以后来称"沈子国"。沈子国灭国后，后人以"沈"为姓。沈子国酒庄旨在传承沈子国3 000余年的历史文化和酿酒技艺。酒庄内设有沈子国酒文化艺术博物馆、漕溪古井、赖公亭、道博轩、明清石缸群、天然地下藏酒洞等景观，其以酒庄文化为载体，向世人展示酒庄的匠心与世守勿替的传承；其生产技艺也被评为市级非物质文化遗产代表性项目。这座酒庄位于泸州市郊，环境清净而幽雅，"坐镇尘世中，脱身喧嚣里"是对沈子国酒庄特点之一的概括。无论是围绕酒文化发展史修建的沈子国酒文化艺术博物馆，还是地下与地表相沟通，游客可下至井底的漕溪古井……都能为游客带来极好的体验。酒庄的地下藏酒洞自然融通，静谧清凉，常年恒温恒湿，能更好保存酒庄酒的品质。自古以来，文人墨客喜爱在诗词中描写美酒，由此，沈子国酒庄成为艺术与酒文化交融的典范。它不仅弘扬了具有千年传统的酒文化，更具有一定的文化艺术价值。

图 3-5 沈子国酒庄内景

（图片来源：沈酒集团提供）

第四章

中国白酒产区化发展的
困境与机遇

第一节 中国白酒产区化发展的困境

中国白酒产区化思想的提出由来已久，但受诸多主客观因素的影响，很长一段时间都没有进入实际的操作阶段，不过不能因此怀疑中国白酒产区化发展的必然性。尽管人们早已提出地理环境对中国白酒具有一定影响，但人们对其的认识仍较为肤浅。有学者认为，中国白酒产业竞争的本质是不可复制的地理环境和独特的酿造历史，白酒产业产区化发展是必然。很多酿酒界知名专家的认识说明了酒的地域性体现在粮食作物、泥土、空气和水上。有学者提出，中国传统白酒香气构成主体一部分由发酵过程形成，一小部分由加热过程（如酱香茅台酒）形成；决定香气成分的关键是微生物，而决定微生物的因素是环境、温度、湿度、土壤养分等。中国白酒的品质和地理环境因素不可分割，但其关系错综复杂，这是中国白酒产区化发展要突破的难点，也是其蜕变的关键与亮点。中国白酒行业发展的历程说明其是一个生命力顽强的产业，未来中国白酒还会有更大的发展空间，从这个视角来看，中国白酒环境奥秘的揭开将是必然，中国白酒产区化也将是必然。

传统观点认为，中国白酒产业是非耗竭性地域资源性产业，国家限制其发展，但在四川、贵州、苏鲁豫皖等优势产区应鼓励其发展。从最近几年的发展趋势看，我国白酒行业不断向名优生产企业集中，这些名优企业在市场中占据重要的地位，并且这种集中程度越发明显。究其原因，是消费者对白酒文化的理解已深入骨髓，越是知名企业，其悠久的酒文化内涵越丰富，同时，消费者对白酒的忠实程度是不容易改变的（杨柳，2020）。

产区是世界名酒品牌较好的表达方式之一，以产区为依托开展品牌建设和宣传推广势在必行。近年来，随着我国共建"一带一路"倡议的深化，以茅台、五粮液、泸州老窖等为代表的中国名酒企业加快了"走出去"的步伐，取得了令人欣喜的成绩。但是，我们也应该看到，国外消费者对中国白酒的知晓度、接受度仍旧较低，并且很难准确区分中国白酒品牌。期待在全球一体化的大趋势下，各名酒企业积极参与，以产区为依托进行整体宣传，群策群力，打造出一批在国际上拥有广泛影响力和较高美誉度的中国白酒产区，合力推动中国民族品牌屹立于世界一流品牌之林①。

当前，国际贸易保护主义抬头，部分行业企业因没有完全自主知识产权，已经受到较大冲击。即使是拥有完全自主知识产权的白酒行业，也因为长期以来企业技术标准没有跟上时代发展和国际拓展的步伐，而在国际市场竞争中处于弱势地位。各白酒产区企业应携起手来，强化中国白酒产区标准建设，对中国白酒的包装设计、标签标识、口感调配、质检标准等进行梳理和明确，杜绝各种打擦边球的短视行为，共同推动中国白酒长远健康发展。我们要加快中国白酒标准与国际标准的统一和接轨，打破贸易壁垒、规避经营风险、提升国际形象，让中国民族品牌进一步赢得世界主流消费市场的信任。

一、中国白酒产区划分的依据不明确

通过对我国白酒生产过程的研究发现，白酒生产是一个综合性过程，单独强调某一种因素会使人们对白酒生产的理解与认识产生偏差。我国优质白酒和国外著名红酒"异地不能复制"的独特性就是这种综合性的体现。对任何一个产区来说，其环境条件的综合性都是独特的，是其他地方不能复制的。重要的是如何充分、合理、可持续性地利用各地独特的环境条件，发展地域特色明显的特色产业，且发展过程要有利于维护或发展这种环境的独特性，避免发展过程对这种独特性产生破坏。中国白酒产区划分的依据不明确有以下两个重要原因。

---

① 刘淼. 中国白酒应携手打造世界级名酒产区 [J]. 中国酒, 2019 (2): 66.

其一是中国白酒的自身特色。首先，传统中国白酒的固态酿造工艺不同于西方的烈性酒，更不同于葡萄酒，尽管地理环境仍是影响其风味的主要因素，但其不仅表现在原料方面，还体现在各种环境因素（气候、水质、土壤等）综合影响下的发酵微生物群落上。主导微生物群落在不同香型白酒中的分布不同，如酱香型白酒的高温堆积发酵网罗空气中的微生物，而浓香型白酒的发酵微生物更多来源于窖泥中。更关键的是我们对微生物的研究不够透彻，依据微生物地理来源划分白酒产区还存在技术上的困难。那么通过类似西方葡萄酒根据葡萄种植区划分产区的方式来划分中国白酒产区是否可行？答案是否定的，虽然很多研究都表明酿酒的粮食作物对白酒风味有一定影响，但中国白酒几乎不存在全部由原产地供应原料的情况，包括获批地理标志保护的中国白酒品牌。其次，不同工艺决定了中国白酒的不同香型，但工艺的界定不完全限于酿酒的流程和程序，要谈酿酒工艺，就要考虑人的因素，酿酒是一门主要凭感觉和经验的传统技艺（赖高准，2006），很多好酒是酿酒人凭经验感知操作而成的，部分操作流程难以用文字准确描述，因此这些操作流程作为划分白酒产区的依据显得不够充分。最后，传统的香型划分难以作为划分产区的依据，在第三届评酒会（1989年7月）之前，中国白酒并没有香型的划分，因为香型划分具有一定主观性，而且从目前来看，传统的香型划分并不为消费者认可，越来越多新香型的出现说明专家界定的传统香型并不能作为划分产区的依据，而且不少专家学者呼吁中国白酒"在味不在香""白酒的香型束缚了白酒的发展和多元化"，白酒应该朝"少香型、多流派、有个性的方向发展"。

其二是中国白酒行业发展的水平。中国白酒行业的工业化发展在新中国成立后才真正起步，虽然几经波折，但不可否认，到目前为止，中国白酒行业在国内市场巨大的消费拉动下还处于利润的黄金期，如果不受国家政策的影响，其自身想要在市场的调节下由粗放式发展转向精细化发展还需要很长一段路。虽然当前的形势需要白酒产区化，但受路径依赖效益的影响，白酒行业在短期内不会对产区化产生很高的热情，当前产区化的进程也会因此受到影响。

二、中国白酒产区化的推动力不足

中国白酒产区化的推动力不足主要表现在以下方面。

第一，对白酒产区的重视不够。主要体现在政府层面、行业层面、企业层面及研究层面。政府层面对白酒产区的重视不够体现在，虽然政府对申报地理标志保护具有一定积极性，但其对地理标志保护申报成功后的宣传、监管、组织使用等方面都不够重视，对打造产区也缺乏必要的论证和投入；行业层面的重视不够体现在行业引导有一定的偏差，行业更关注眼前，而对白酒长远发展的战略格局考虑得不够；企业层面的重视不够主要体现在一些龙头企业对地理标志保护的公共品牌推广缺乏责任意识和担当意识；研究层面的重视不够从对产区划分不明确的分析中可以看出，很多未解决的问题未能引起研究者的关注，也未被攻克。

第二，白酒产区化的意义还不明确。白酒行业作为传统民族行业，其发展意义不仅在于经济效益，更重要的是它是中华传统文化的重要载体。白酒产区化有利于和国际酒品市场接轨，有助于中国白酒及其所代表的东方文化引起国外消费者的浓厚兴趣。各个层面对白酒产区的认识都需重视这一点。

第三，用于地理标志产品的研发资金的投入明显不足。地理标志产品是白酒产区化发展的重要支撑，其受保护是因为品质的特殊性，这种特殊性很大程度上是环境赋予的，须知其品质要被消费者所认可，只有不断创新。中国白酒现流行绵柔淡雅型，这是由消费需求推动的，同样是浓香型白酒，不同地区所产的酒因其所含的微量成分不同，风味各有不同，个性化明显，如川派白酒以香气浓郁、味陈、醇厚、丰满、圆润为主要特点，而江淮派白酒以香气幽雅，口味细腻，口感绵甜净爽为独特风格。而这些都需要投入资金去研究。此外，产区产品分级、检测，以及监测体系的完善等都需要投入大量的资金，否则白酒产区化建设将无从谈起。

第四，中国白酒产区化的市场推动力不足。这体现在消费市场和业界市场。其一，从消费市场看，我国白酒的消费方式和消费目的与葡萄酒不同，我国白酒的消费具有一定功利性，而西方葡萄酒的消费更看重享受性。其直接的影响是中国消费者较少主动了解白酒的品牌优劣，更多是受消费意见领袖和广告效益的影响。在笔者曾做的一项关于白酒文化旅游的调查问卷中，有一道题就是调查公众对白酒的认知水平，调查发现90%以上的消费者对影响白酒香味的酯类物质和酸类物质并不了解，消费者对白酒的认知水平普遍较低，这直接影响到产品品质的提升，也导致白酒产区化的消费市场推动力不足。其二，从业界市场看，业界市场的推动力不足。很多白酒企业不是做品牌、做文化，而是把赚钱作为主要目的，即使做文化也仅限于假、大、空的广告文化，而不注重培育消费者由内而外的品牌忠诚度。业界市场的不成熟也导致了中国白酒产区化的市场推动力不足。

第二节　中国白酒产区化发展的限制因素

中国白酒在酿造环境、产业基础及产地界定上的优势明显，但中国白酒产区化进程非常缓慢，主要有以下几个原因。

一、划分依据难明确

根据国际酒品产区划分的惯例，酿酒原料的地域性，以气候为核心的独特地理环境要素，长久以来形成的独特酿造工艺是产区划分的前提条件。此外，还要看酿酒原料的种植面积，每年成品酒的产量及销量等。当前国际酒品中进行了产区划分的主要为葡萄酒，其产区划分的核心是微气候区影响下的土壤与适合酿酒葡萄的完美结合。而中国白酒酿造的原料以五谷杂粮为主，固态发酵、高温蒸馏导致这些原料具有一定的可代替性，如现在中国白酒企业的原料供给多以东北平原生产的高粱、大米及小麦为主，因此中国白酒产区划分的依据难以明确。

二、划分尺度难界定

国内葡萄酒产区划分参考国外的经验，在产区划分上采取大区和亚区相结合的分区方法。例如，关于中国葡萄酒大区的划分有七大、十大、十一大、十三大区域之分，而且基本上与某一类气候区吻合，有的大区下面还包含若干个亚区。那么中国白酒划分的尺度应该如何界定呢？依据气候区显然是不可能的，因为中国白酒缺乏对原料的严重依赖，白酒产业基地分布不同于葡萄酒庄及葡萄种植园的片状、面状分布，其呈现为点状分布，因此其划分尺度难以界定，如中国现在既有白酒金三角产区，也有宜宾酒、泸州酒等受地理标志保护的产区，还有古蔺郎酒这样的小产区。

三、划分主体不确定

酒品产区划分的主体一般是政府相关酒类管理机构和行业协会。从目前来看，中国较为缺少这样的机构或协会来主导中国白酒产区的划分，如虽然"中国白酒金三角（川酒）"地理标志已成功申报，但其对受地理标志保护的白酒生产区域的界定还是模糊的，也缺乏相关的法律依据。除了政府主导的酒类管理机构外，中国的白酒行业协会、酿酒研究所等也较缺乏相关的能力来进行中国白酒产区的划分。

四、运作机制不完善

酒品产区划分的初衷是实施规范化管理，让不同地域的优质酒品风味得以传承与发扬，也让符合标准的酒类企业共享地理品牌这一公共资源所带来的价值，但由于目前相应的运作机制不完善，难以发挥产区效应，例如中国较多白酒企业不重视地理保护标志在商标上的体现，这一方面与白酒消费市场的不成熟有关，另一方面与自上而下的政府力量驱动型培育机制的不完善有关。另外，虽然一些地方出台了有关产区保护的地方条例，但其实际监管空缺。如宜宾市 2019 年出台的《宜宾市白酒历史文化保护条例》规定，经申请列入名录的老窖池、老作坊、酿酒遗址和贮酒场所周边一百米内不得新建、改建、扩建污染环境的设施，不得进行化工、印染、喷涂、养殖等影响其安全及生态环境的生产、商业等活动，但对于列入名录的有哪些，监管主体是谁等都存在争议。

第三节　中国白酒产区化发展的机遇

白酒产区概念的提出由来已久，从中国现有的白酒产地来看，四川盆地无疑是分布较为完整的地区之一，也是中国白酒两大集中地之一，是长江上游、赤水河、岷江水系形成的三角地带中较为重要的部分。虽然中国白酒的产区化发展存在一些难题，但从当前的发展形势看，中国白酒产区化发展也存在一些机遇。

一、经济新常态下的供给侧结构性改革

随着我国经济发展步入新常态，整个经济的基本发展方式开始由"粗放的，以高资源消耗和高能源消耗为主要特色的外延式增长"转变为"精细的，以技术创新和节能环保为主要特色的内涵式增长"。供给侧结构性改革是为应对这一变化而提出的，具体来说，就是关注产业链的两头，更加紧密地满足市场的需求。这一改革思路对当前白酒产业转型来说非常重要，过去几十年，中国白酒是由生产引导消费，而不是由消费影响生产。而经济新常态下供给侧结构性改革的大环境为中国白酒产区化发展带来了新机遇，因为产区化发展本质上可以理解为中国白酒产业发展新常态的积淀形式。

二、中国白酒行业深度调整带来的契机

自 2012 年以来，中国白酒行业进入了一个深度调整期，这次调整期从简单分析来看，其诱发因素是中央对政务消费、军队饮酒等的一系列纪律性限制，但从产业本质来看，这是中国白酒产业行业发展到现阶段必然要经历的行业调整。这次行业"寒冬期"让人们对中国白酒发展进程中存在的问题有了更为清晰的认识，如非正常、非市场的消费形态和消费群体，重产量不重质量，吃"老本"现象等问题普遍存在，整个行业的创新不足，这些问题都是亟待解决的。

三、中国白酒消费新需求的驱动

近年来，人们的消费模式发生转变，生活消费品从实用层面向享受层面开始过渡（如在家庭支出结构中食物购买支出比重下降，而穿着、代步工具、旅游等支出比重开始上升）。在白酒消费层面，过去，大多数人消费高端白酒主要是看重其礼品属性，并且在消费过程中受到个别不健康酒文化的影响，较难从饮酒中体验到舒适感；但现在，白酒的消费逐渐回归本质——满足个体体验的需求。这是中国白酒产区化发展的又一契机。

四、中国白酒国际化的战略需求

进入 21 世纪，行业协会、名酒企业、地方政府等都逐渐认识到了中国白酒进入国际市场的重要性，但从实际推进来看，中国白酒国际化的进程较为缓慢。这与中国白酒自身的特点，中华文化在世界的传播、推进的方式与力度，国际贸易保护等都有很强的相关性。其中较为重要的原因之一是外国消费者缺乏了解中国白酒的平台，在外国亮相的各类白酒品鉴会、宣传片等只能是管中窥豹，要想真正了解中国白酒，还得深入中国白酒的酿造地，了解当地的风土人情，感受富有地域特色的酒文化，深入观摩和体验中国白酒的特殊酿造工艺。而从目前来看，较为缺乏这种功能平台，

而白酒产区的打造将有助于推动中国白酒国际化。

五、新增中产阶层"崇奢"消费理念的影响

近年来，我国有 4 亿新中产阶级崛起，人均 GDP 突破 1 万美元。区别于传统政务消费的"崇奢"，新兴中产阶层消费的"崇奢"是具有内在合理性的。他们在一些宴请或重要纪念场合会选择名酒。在这里不得不再次提及名酒和产区的关系，消费者通常只知道名酒品牌，而不知道其具体的产区，产区本身的特色往往被忽视。事实上，产区的历史文化、酿造氛围、优秀人才、良好的自然生态环境等才是名酒之所以为名酒的关键。产区与名酒的关系就是人与自然，传承与创新，产区与名酒的关系。没有人的酿造，再好的自然环境也产不出美酒，也无法培育出特殊的酿酒微生态；没有好的自然生态，酿酒微生态也无法延续。酿酒微生态与自然生态相互依存，酒菌与酒匠相互依存：没有酿酒大师，再好的酒菌也无用武之地；没有酒菌，再好的酿酒大师酿不出美酒（宋书玉，2019）。简单来说，就是"崇奢"消费需要名酒，而名酒需要产区加持才能凸显其价值，故而中产阶层的扩大是推动中国白酒产区化发展的一大重要因素。

第五章

中国白酒产区化发展的制度设计

　　根据前文所述，一方面，中国白酒虽然在酿造环境、产业基础、产地界定等方面具有产区打造的优势，但同时也存在着产区划分依据缺失，产区划分尺度难界定，划分主体不确定，以及产区效应难以发挥等现实问题。另一方面，中国白酒具有产区化打造的诸多契机。为此，笔者从制度设计的视角对未来中国白酒的产区化发展提出以下构思和建议。

第一节　中国白酒产区化发展的构架

一、产区范围的确定及产区总体构架

　　首先要明确中国白酒产区的划分范围不等同于中国的行政区划范围，其次针对白酒，提出在产区划分时以产业聚集度为主导因素，最后辅以自然环境特色（曲药、窖泥、窖池中及空气中所含的酿造微生物群系），酿造文化（制曲、发酵、烤酒、陈化等）特色及未来的发展潜力等。

　　产区构架之一：设立中国白酒产区管理委员会（逐渐过渡到中国白酒产区管理局），集地理标志保护行政管理执法相关的职权和职责（成为酒类地理标志申请受理的唯一机构），集体商标的证明和管理，产区划分及相关制度制定于一体。在亚产区（子产区）分设一些管理委员会的下设机构，协同行业协会组织共同负责本产区基础性调查和监督工作。

　　产区构架之二：根据当前的产业聚集现状，采用综合方式（比如根据经纬度进行划分的方式，以自然环境中的山、河等地理特征为界限的方式，用地图标示等）确定准确的产区界限，结合当前的行政区划（个别可以细化到县域层面），根据产品的质量特色、产地的自然和人文因素、产业发展现状等确定中国白酒产区的整体特征和优势，以及管理的途径和举措等。

　　产区构架之三：依托大产区，根据白酒产区集中区域各自的风味特征确定亚区。针对个别酒厂"一枝独秀"的情况（如射洪的沱牌酒，绵竹的剑南春等），可以引入微地理区的概念及理论依据，划分微酿造区。制定具有划界依据及法律效力的中国白酒产区地图。

产区构架之四：在《中国白酒质量技术标准体系（2006）》、中国浓香型白酒质量技术标准体系的基础上，制定中国白酒产区的白酒质量标准体系（重点根据不同等级确定中国浓香型白酒的个性特征及评定标准）。

产区构架之五：建立相应的指标评价体系，根据市场需求及当前实际产能核算本产区的白酒生产潜力。加强对各个企业老窖池的等级划定及保护，虽然固态发酵酒的产量在一定情况下不受限制，但为保证产区整体质量的提升，要根据企业现有的窖池及运营状况，限定优级酒的产能上限，新建酿酒基地要经过产区管理委员会的评估和批准。

二、中国白酒产区的进入机制

划归在某一级别产区的中国白酒企业需要自己向本产区管委会下设机构及行业协会组织提出申请，通过提交相关资料，经审核属实后再报中国白酒产区管理委员会认定。其基本的原则是自愿申报，门槛明确，公开透明及权责对应。鼓励和支持亚产区地方政府组织力量，参照中国白酒产区的标准，研究建立能够客观反映本产区白酒质量的多指标评价体系，同时打造产区白酒质量评价的模式。

三、中国白酒产区的运作机制

在运作机制方面，中国白酒产区实行集体安全机制（利益约束机制），酒类产品标识规范化使用机制，酒类行业协会管理机制。集体安全机制指在产区酒品质量的监控、推广、保护上实行利益共享，责任共担，如实行统一对外主张权利等。对于原有商标和产区名称重合的企业，要通过产区的严格界定，名称及标识的体现等要做好二者的协调。酒类产品标识规范化使用机制的核心是要求所有的酒类地理标志产品的生产者和经营者在产品上或者包装上明确无误地标明产品的生产厂家、生产日期与生产地点；并且标识的设计既要有本土特色，又要注重与国际的接轨。酒类行业协会管理机制实施的初衷是为更好体现产区地域公共价值的属性，以产区内法人（各白酒企业）为主体，建立白酒地理标志保护行业协会，统一处理有可能影响地理标志信誉的外部事务，比如产品质量被投诉，产品被假冒或者被仿冒，产区标志被他人侵权等。

四、中国白酒产区的联动发展

　　未来中国白酒产区的发展必须要建立联动发展机制，其核心就是延长白酒产业的价值链，通过产区发展带动白酒产业及所在地区经济的发展。具体来说，要鼓励各个酒厂在酿酒基地附近建立绿色有机且富有景观特色的酿酒原料基地，富有中国传统文化特色的储酒基地，品鉴及定制酒生产基地（可考虑当前倡导的"中国白酒酒庄"模式的推广）；推动旅游休闲服务设施和当地特色自然文化遗产相融合；重视对具有地方特色的果园的培育及果酒的开发（考虑增强景观的多样性和层次性）等。一方面从体量上把产区内的企业由一个点扩充到一个面，让产区特色更为突出，加强其吸引力；另一方面解决更多人的就业，让当地居民感受到产区这一公共资源带来的福利，提升其愉悦度和地域自豪感，让其主动参与到产区的公共品牌维护和产区文化氛围营造中来。

第二节　中国白酒产区化发展的质量管理体系

　　前文的产区构建只是一个宏观上的粗略的框架体系，借鉴葡萄酒产区发展的模式及经验，中国白酒产区化发展首先要解决的就是质量管理体系的问题，也就是标准和质量准入体系的问题，只有建立对企业具有强约束力的质量管理体系，并和企业共同遵守，才能发挥中国白酒这一公共品牌的真正价值。而且在任何领域，但凡公共资源的使用得不到约束，这种公共资源的健康、合理利用就无从谈起。通过建立生产加工工艺、产品、检验、包装、贮存等方面的准入标准，设置相应的质量体系门槛，让部分不达标企业无法进入产区管理范畴，同时通过滚动的监管（如实行末位淘汰机制）等，以确保产区的权威性和活力性。我们将从以下六个方面来说明中国白酒产区化发展的质量管理体系的内涵。

一、绿色有机符合景观学特征的原料种植基地的打造

原料（原粮）种植基地（保护水源地）是白酒质量保证的最上游环节，从白酒酿造的特征来看，这也是最容易被忽视的一个环节。因为中国白酒基本上都属于蒸馏酒，在酿造过程中，虽然谷物及水源中存在少量的污染物，但通过发酵和蒸馏能够真正在酒体中出现并反映出来的很少。故而中国白酒在酿造过程中除明确指出使用川南糯高粱以外，对原料来源没有明确的要求，对水源的要求的描述也比较含糊。

如在川酒产区的打造中，相当于市域层面的产区（如泸州、宜宾、绵竹、邛崃等）要求有自己的原料种植基地，而且应该符合四个方面的条件：一是有足够的种植面积（不少于 1 000 亩）且毗邻大型酿酒基地；二是要对基地的土壤进行整治，修复水利设施、田间道路等基础设施，采取措施防止周边地区面源污染的扩散和渗透，最终取得绿色有机原料基地的认证；三是在基地打造过程中要避免就基地论基地的弊病，要充分依靠自然的地势起伏，根据中国古典园林的设计思路，自然地融入当地的酒文化，配以地方特有的绿化及花卉，修建部分观光栈道和休息区，注重基地景观特色的体现；四是原料种植基地的建设要紧密结合特色农业产业化道路，成为原粮种植产业化发展的重要推动力。在有条件的地区可以考虑白酒产业园区的环境氛围打造，凸显集传统与现代于一体的酒文化元素，尝试酿酒水源保护和绿色生态酿造原粮种植区的整体打造。

二、传统酿造工艺共性技术的传承和发扬

中国白酒的酿造工艺有别于国外的烈性酒，是一直被引以为豪的，民族特有的。在中国白酒产区化质量管理体系中，要重视传统酿造工艺共性技术的传承和发扬。白酒的酿造工艺复杂，不同香型、不同原料、不同曲药都会导致酿造工艺的不同。针对中国主要以浓香型白酒为主的特征，我们认为以下几个工艺环节的共性技术应作为标准成为产区质量管理体系的关键构成：人工制曲，窖池（泥窖、石窖）修建和保养维护，传统的蒸馏设备（包含在传统基础上进行部分改造的蒸馏设备），摘酒陈酿勾兑环节的人工部分等。值得一提的是，倡导传统酿造工艺共性技术不是要阻碍工艺技术领域内的革新，保护和继承传统工艺也不等于完全仿古，比如完全不使用现在广泛使用的行车、打糟机、气相色谱等常规手段，或者完全回到工业化以前的"人扛肩挑口尝"，而是要体现工艺继承中的科技进步，以前"说不清道不明"的白酒生产过程，现在通过微生物、化学分析等手段可以讲清楚，这便是对工艺的保护和传承。

为了能更好地和国际接轨，中国白酒产区在产区发展过程中要鼓励引导有利于节能降耗，减轻工人劳动强度，改善酿酒车间工作环境的技术革新和科研成果产出。

三、白酒酿造生态区的保护和产区的细化

中国现有的几大白酒集中地都具有良好的生态环境基础，这是上千年来白酒企业发展自然选择的结果，而且随着时间的累积，现有的白酒生产基地也形成了独有的、生态结构完整的微生物群。中国在区域经济结构版图中处于发展滞后区，随着城镇化和工业化的推进，部分白酒生产企业的发展环境堪忧：企业周边分布着高污染的化工、加工企业和饲养场，取水源头和企业上空的空气会受到污染，这将直接影响白酒的整体风味和优质酒的出酒率。故而要设定白酒酿造生态区环境保护的标准，若达不到标准，

将不列入产区管理的范围之内；待其环境生态治理达标后，才给予准入机会。

要对产区进行细化主要有两方面原因：一是中国白酒产区是在产地的基础上培育发展的，而产地往往规模化特征明显，大规模可能带来白酒特色的掩盖；二是大产区可能涉及不同行政主体，由于行政区划的分割，各个地方管理部门之间存在着利益方面的博弈，故而产区的尺度不宜超出某一行政区划范围。这就需要在可能的基础上对产区进行细化，同时需要也符合不同产区各具特色的发展理念。

四、酿造过程质量标准体系

酿造过程的质量标准体系是产区质量管理体系的核心。具体来说，要做好酿造全过程管理和安全监管体系的建设。比如在产区内，白酒企业全面推行良好的生产操作规范（GMP），危害分析与关键控制点（HACCP），以及 ISO9000、ISO22000 族系质量管理与控制体系，还要注重和国际接轨，向国际质量认证体系、环境保护体系、国际食品卫生标准等靠拢。建立由行业协会牵头，由政府引导，以企业为主体的中国白酒酿造过程管理体系建设投入机制，全面建立并动态更新进入产区管理范畴的白酒企业的安全信用档案，加快产区企业诚信体系建设，建立实施"黑名单"制度。充分发挥行业协会作用，加强行业管理，规范、引导、督促行业自律，建立严格的白酒安全监管制度体系。通过有效整合监管职责，切实减少监管环节，明确和强化监管责任，不断优化资源配置，形成中国白酒产区一体化、专业化、高效率的安全监管体系。成立产区白酒质量安全突发事件应急处置指挥领导小组，统一领导和指挥产区内白酒质量安全突发事件处置工作。建立酒品安全追溯体系，酒品安全投诉管理制度，问题酒品退市召回及应急处理制度等。

五、陈储、勾兑和包装

针对中国白酒在陈储、勾兑环节中的不规范，以及包装上的不统一和包装材质的过度使用等问题，在中国白酒产区打造的过程中，要把相关环节列入质量管理体系中。

首先，在陈储环节，要把安全、透明和第三方认证作为重点规范内容。安全是指存储设备要符合安全评估标准，特别是确保在存储环节没有对人体有害的微量成分渗透到酒体中；透明和第三方认证是针对当前白酒存储没有专门的权威机构进行检测的问题，对陈储的年份、时间和容器等进行统一标识，并发展相应的第三方机构对其进行认证，特别是年份酒，要在技术和管理领域对其进行探索，制订科学有效的管理办法。

其次，关于勾兑，勾兑其实是白酒的一大特色，但在消费层面普遍被大众误解。故而中国白酒产区在这方面要利用各种科普宣传的手段和媒介，向消费者宣传白酒勾兑的原理，以起到正本清源的作用。同时还要加强管理监督，明确产区内的白酒勾兑只限于也只能理解为以酒勾酒，而非简单添加水和食品添加剂。

最后，包装层面要做到绿色环保、小体积化、轻便化，以更好地和世界烈性酒市场接轨。建议中国白酒产区制定具体的包装材料使用标准、包装标识（文字、颜色、图案）、环保效能标准等，对包装不达标的企业严禁纳入产区管理范围。

六、产品分级

借鉴葡萄酒产区分类分级的有益经验，中国白酒应实施严格、详细的白酒分类分级标准。有以下几个方面的思路供借鉴。

思路一，在前期白酒企业酒窖窖龄普查的基础上，根据统计的一般规律及重大历史事件对停产歇窖的影响，将不同酿造年份的酒窖进行分类，如分为200年以上，100~199年，60~99年，30~59年，20~29年，10~19年，5~9年，以及5年以下。为了统一标准，要对同年龄段不同酒厂的酒质量进行分级。当然前提是酒厂对窖龄年份进行标识，而且要严格规定，不能混装不同窖龄窖池的酒。

思路二，按窖龄和存储时间相结合的方法进行分类分级。

思路三，按窖龄、酿酒时间、摘酒等级及存贮时间相结合的方法进行分类分级。

可以看出，思路三将考虑更多因素，按照这种划分方式，其组合方式也将更多，等级体系也将更为复杂，在投入市场后也不利于消费者的取舍。故而在实际操作中要思考更为科学合理的分类分级方法。分类分级不能完全由专家组人为判定，而是要充分结合现代高科技方法，为其分类分级寻找科学依据，让消费者更为信任和信赖。

第三节　中国白酒产区化的市场运作体系

白酒产区从概念上来讲不是新事物，但真正难的是如何将它落实到操作层面。包括一些具体的亟待解决的问题：产区化的道路到底以什么样的方式出现？是否是行政化的产物？是否由名酒企业带领？在产区化过程中，政府应该扮演什么样的角色？名酒企业和地方公共品牌的关系如何界定？产区的整体推介的模式和主体怎么确定？产区如何立法？等等。其实这些都是产区化的市场运作体系的问题。下面，我们将从四个方面探讨中国白酒产区化的市场运作问题。

一、政府主管部门及企业、行业组织的权限界定

在钻石模型理论中，波特提出了"政府保护—不思创新—竞争无力—进一步保护"的怪圈，在政府的主导下，产业发展可能趋向畸形。在中国白酒产区化运作的过程中，首先要做的就是政府放弃主导作用，培育市场化的行业环境和行业组织，让市场决定，企业发挥积极性。那么政府应该发挥什么作用呢？笔者建议在产区发展中，政府应该在宏观层面做好规划

工作和产区的整体宣传推介工作，特别是在区域层面产区的规划方面，对白酒产区的发展要从社会经济发展规划的角度，城镇体系规划的角度，生态环境规划的角度等给予支持和明确。

作为企业，它们是中国白酒产区的构成主体，产区效益的良好实现需要每个企业对产区思维的深度认同及为此付出必要的行动。特别是对一些中国二、三线的白酒企业来说，产区给它们带来了抱团发展、整体发展的良好机会。而同时产区形象的维护需要它们共同的努力，故而企业有义务配合产区的各项标准来规范自身的生产、销售，维护自身的形象等。

借鉴国外的经验，在中国白酒产区打造的过程中要充分发挥行业组织的作用，将协会组织完全推向市场，让其充分担当产区准入和退出机制的制定者、产区质量标准体系的构建者、产区日常管理工作的执行者及产区运作的监管者，这就需要对现有的行业协会进行整合，建立起真正独立的、有权利、有为企业服务的义务且能够和中国白酒产区真正对接的行业协会组织。

二、个体品牌和公共品牌的关系界定

与国外葡萄酒产区不同，中国白酒产区化发展是基于原有的产地基础，其产业发展已进入相对稳定和成熟的阶段；而国外葡萄酒产区往往是以葡萄种植园为基础来进行划定的。对相对稳定和成熟的产业来讲，其会对合作联盟平台式发展产生较大的抵触，凝聚力也不容易凸显。而且中国白酒的主产区都有一个典型的特点，即产区内存在一个无论是在体量还是在影响力上都处于顶层的企业，如宜宾的五粮液，泸州的泸州老窖和郎酒，绵竹的剑南春，射洪的沱牌等，这些企业都是区域品牌的代表者。有理论表明，以单一企业为中心的集群，不创造任何集群的公共产品，故而也加剧了地方公共品牌创建的难度。比如，宜宾五粮液不愿意用"宜宾酒"的标识，泸州老窖不愿意用"泸州酒"的标识。诸多因素加强了中国白酒产区个体品牌和公共品牌之间的协调难度。针对此，建议在个体品牌和公共品牌关系的界定上，各企业可以在保留自己原有品牌的同时，自愿在参与产区模式的品牌上增加产区标识，而行业组织及政府主要推介有产区标识的品牌，规范的市场行为及良好的市场业绩可以主动吸引企业把主品牌纳入产区模式中。对于一枝独秀的产区企业，要提供产区参与灵活多样的模式，引导它们逐步参与。总之，产区打造一定要调动这些关键企业的积极性，而不是和它们相剥离。

三、产区整体宣传的模式

政府作为产区整体宣传推介的主体，要做好产区整体声誉打造的相关规划，规划的具体实施由行业组织发动企业的力量来共同实现。宣传推介应该包含以下几个方面的内容：

第一，通过各种平台输出中国白酒产区化发展的基本理念、运作方式和管理模式，吸引消费者的关注，刷新消费者对中国白酒的认识。

第二，以文化产品的形式，从影视作品、书籍、歌舞、娱乐活动等方面输出中国白酒产区文化。

第三，通过打造旅游基础设施和提高旅游服务质量，吸引游客来中国白酒产区参观、考察及休闲旅游。

第四，针对国外消费者，要争取各类出口优惠政策，精选一批能够代表中国白酒产区不同级别的白酒，在世界主要烈性酒消费国市场进行展销、品鉴，提升其知名度。

第五，结合国家文化发展战略和文化输出战略，对中国白酒产区进行文化打造和对外输出。

四、资本和人才

产区模式的打造首先要解决资本来源的问题。其资本发展主要有三个问题需要明确：一是产区内中小白酒企业要尽快度过调整期，启动产区化发展的战略，解决资金的介入问题；二是产区模式构建及产区行业组织的运行成本来源问题；三是产区公共品牌保障资本的累积、使用和管理问题。对于中期白酒企业扶持资金，除了现有的政府扶持外，还要充分利用产区行业组织的力量，以产区信誉度和先进管理模式吸引优良外来资本，从长远来看，要建立中国白酒产业发展银行，其功能定位为服务于中国白酒产区发展；对于行业组织运行经费的问题，前期政府可以通过借贷和酒业财税转移的方式对行业进行扶持，待其运行并走向正轨以后，可以让行业协会在管理过程中对企业以税收、产区有偿进入及标识有偿使用等方式作为资金来源，当然政府要有专门的机构（或委托机构）对协会组织的资金来源和支出进行监管。

人才是产区模式打造成功的关键之一。有以下建议供参考：

第一，对产区内的人才进行全面梳理，建立中国白酒产区人才库，对人才进行分类管理，根据发展需要，有组织地对人才进行产区发展模式的培训，同时还要组织这些人才进行各类考察和外出学习，以开拓视野，增加技能，更好地服务于产区发展。

第二，给予优惠条件，吸引管理人才、金融资本运作人才、白酒技术专家等投身中国白酒产区发展。

第三，在白酒产区建立白酒学院，以白酒产业链为依托，全方位培养中国白酒产区发展所需要的人才。

第四节 中国白酒产区化发展的配套支撑体系

一、完善中国白酒制度保障体系

根据国外葡萄酒发展的经验，具有法律效力的制度保障是产区模式成功运作的关键。在中国白酒产区管理委员会（中国白酒产区管理局）下设专门的制度设计部门，在中国白酒地理标志保护，酒窖定级，产量限定，酿酒谷物来源及标准，传统酿造工艺，储存勾兑，陈酿认定，分析检测标准，包装标识等方面制定相关的标准制度，并以法定的形式确定其适用的范围和主体，包括享有的权利及惩处措施等。因为中国酒类管理部门存在多部门交叉，职能重叠，划分不显著等现象，如市场监督管理总局、农业农村部、工信部等都有所涉及，故而对省级行政区来说，立法的空间较少，从国内葡萄酒发展的经验来看，还没有任何省份能够突破现有体制框架来立法。具体来说，在产区打造之初，应先整合当前中国白酒的各级管理部门，利用好中国白酒金三角，梳理办公室现有管理资源，整合各地经信委下设的酒业管理部门、酒类研究所等机构的管理权限，联合部门、企业及酒类专家制定《中国白酒产区保护条例》《中国白酒产区分级制度》，在此基础上，根据产区的发展逐渐形成全面的制度保障体系。从长远来看，要推动国家对白酒在文化属性及产业性质方面的重新审视和重视，因为只有国家层面对白酒产业引起重视，才能推动地方产区立法及产区化模式发展，最终促进中国白酒产业更好地发展。

二、建设丰富多样的中国酒文化承载体

产区发展从来都不只是一个概念，也不是仅仅反映在产品包装上的标

签标识，而是从整个产业流程都能看得见的实体。为了配合整个白酒产区的发展、推介及整体运营，中国白酒产区要在已有的文化展示点及模式的基础上，建设丰富多样的川酒文化承载体。举两个例子说明：

第一，结合城市品位提升，打造酒文化浓郁的城镇景观。如中国白酒之都宜宾和中国酒城泸州等都具有这样的基础。要通过一系列举措，让这些城市因酒而具有辨识度。在一些白酒占主导地位的县城或乡镇，可以结合城镇环境改造及新型城镇化战略，建设富有地域文化特色、投资小、被地方居民接受的特色小镇，并把白酒文化巧妙地融入进去。有了这种载体，白酒爱好者、消费者及经销商来产区考察时，就会明显加深对产区的感受，从而加深对产区的印象和加大对产区的信赖。

第二，加强对健康白酒文化的研究和传播。对健康的重视是让中国白酒延展核心生命力，赢得大众消费者的关键。事实上，无论是国家对白酒模棱两可的态度还是公众对白酒的误解，都与白酒不良的社会形象有关。作为产区化发展的先行者，中国白酒产区要担负起健康白酒文化研究与传播的重任，这对中国白酒乃至整个中国白酒产区都有重要的意义。建议一方面要加大对中国白酒健康因子的研究，利用现代科学技术的手段让传统经验感知的白酒饮用功效有科学依据；另一方面要通过产区内各种平台宣传科学、理性、文明、时尚的饮酒习惯。

其实，这种文化载体的形式可以多样，思路可以创新，如建立白酒文化展示博物馆，或与白酒相关的某一主题博物馆等。作为中国白酒主产地的地区，现在需要做的是在这些已有的基础上进一步创新，如可以从其他行业借鉴思路。

三、创新中国白酒产区发展的新模式

中国白酒产区的打造可以借鉴西方葡萄酒产区发展的模式与经验，但我们不能照搬，因为葡萄酒和白酒的酿造原料及工艺的不同决定其发展模式差异的必然性。未来中国白酒产区发展模式也会有自己的创新，当前来看，中国白酒产区要主动对接和融合农业产业化发展，绿色经济建设，以及新型城镇化战略，实现点（单个企业）—组团（白酒工业集中区）—面（白酒产区）的发展路径。具体来说可考虑以下三点：一是要主动和城市规划相对接，以产区促进城镇景观的改造，人居环境的提升，城市旅游产业的收益增加；而城镇发展可为产区发展提供有效的文化载体和基础服务载体。二是要考虑融入当前的绿色发展理念，引导产区内白酒企业技术改进向节能降耗、循环经济等领域突破，将白酒产区打造成环境优美、生态友好、文化多彩、体验丰富的绿色发展新型示范区。三是要借助当前中国白酒主产地工业化、城镇化引导，注重延伸白酒产业链条，在产区合理布局和发展白酒包装、灌装、印刷、物流、设备制造、质检、设计、营销策划、服务等关联产业，逐步健全配套产业体系，提升产业关联度、耦合度，做到以产区模式带动白酒工业的整体升级。

值得一提的是，中国白酒产区目前没有较为系统和成功的模式可借鉴，中国白酒产区化发展注定要在明确主要构架、战略步骤、关键内容的基础上"摸着石头过河"，在发展中一步步完善。

第六章

中国白酒产区化发展
展望与建议

前述章节在分析国外葡萄酒产区模式与发展经验的基础上，对中国白酒产区发展的条件、制约因素、机遇等进行了系统分析，提出了中国白酒产区未来的基本构架、质量管理体系、市场运作体系及配套支撑体系。可以说白酒产区打造是未来中国白酒产区化发展的必然趋势。鉴于中国白酒在全国的重要地位和影响力，其产区化的成功与否关乎整个行业的振兴发展好坏。

第一节 中国白酒产区化发展展望

自 2012 年以来，我国白酒产业进入深度调整期，针对产业广泛存在的生产企业多、小、散、乱问题，中国酒业协会一直致力于推动中国名优白酒产区建设，以实现全国白酒产区全方位的综合体系建设为目标，构建名酒价值表达体系。如以"发现美酒"为主题，各产区政府积极创新发展思路，推进中国白酒产区建设；深入诠释名酒内涵，发布"世界十大烈酒产区"；发展高品质、国际化的中国白酒酒庄；联合中国轻工业联合会共同建设"中国白酒之都""中国白酒名城"等产业集群。以系统性、立体化、全维度标准体系，解释产区，评价产区，建设区域品牌，为推动白酒行业健康发展提供了有力支持。当然白酒的产区化发展不能一蹴而就，需要务实推进、久久为功。

近年来，资本不断投向主要白酒产区，各白酒产区的新一轮扩能竞争已不可避免，如贵州遵义（酱香型白酒产区）产区表示，要打造以茅台集团为"航母"的产业集群，力争 2025 年年产白酒 25 万千升，总产值突破 1 500 亿元。四川宜宾产区（浓香型白酒产区）规划 2025 年白酒产量超 100 万千升，营收、利润双翻番；泸州产区提出 2025 年白酒产量要保持在 200 万千升，营收力争 2 000 亿元，利润达 300 亿元，实现营收、利润双翻番。

中国白酒产地特征与产区化发展研究

江苏宿迁产区提出要加快建设有实力的"中国酒都核心区"，成立洋河原酒产区。在此情况下，越是核心产区，其土地资源和产能限制越凸显，以赤水河畔为例，即使酱酒生产企业持续扩大规模，加剧市场竞争，都不会撼动仁怀营销中心的地位，仁怀产区始终是酱香产业的中心（袁春涛，2023）。如仁怀先后建立了产区区域管控，生产准入，企业认证，质量评价，诚信体系，知识产权保护等制度，发布"中国酱香白酒核心产区（仁怀）"图识，着力塑造产区品牌"超级 IP"，用产区"身份标识"为企业和产品赋能。2021 年，仁怀首次将 120.44 平方公里的酱酒生产功能区进行划分，包括 15.03 平方公里的茅台酒产区，53.03 平方公里的茅台镇传统优势产区，52.38 平方公里的仁怀聚集区，凸显了"优质酱酒出贵州，核心产区在仁怀"的格局（杜涛，2023）。

一个成功的产区包括自然、文化、技术和法规四个元素，这四个元素缺一不可。从目前看，中国白酒产区的自然、文化和技术三个要素已具有优势明显的客观基础，需要做的就是深入地挖掘、整理和展示出来。但中国白酒产区发展的软肋在法规，虽然主产地都具有各自地方酒生产标准，但这种标准在系统性、全面性、可操作性、权威性等方面还不能满足产区发展的需要。故而，中国白酒产区化发展的关键是要做好相关法规制度的构建和完善工作。虽然中国白酒产区化发展有基础、有机遇，但中国白酒及整个中国白酒行业面临的问题也是显而易见的：年轻消费群体的流失，不断暴露的质量安全事件，国际化战略的步伐难以突破性迈出等，在这个深度调整期，整个白酒行业格局的洗牌已是不可避免，但从民族产业的角度看，白酒产业发展的根基在于吸引消费者，赢得消费者，这也是产区化发展的根本所在。关于中国白酒产区发展的未来，笔者提三点展望：一是中国要率先闯出中国白酒产业发展的新模式；二是让不同区域的白酒成为对外开放的名片；三是发展思路上要始终坚持通过打造白酒产区带动农业产业、绿色工业及高端服务业的联动发展。

一、探索中国白酒产业发展的新模式

虽然我国目前在有关地理标志保护的法律依据上呈现出多层级、多方位、多元化的立法格局，但这不影响我们发展真正意义上的产区模式，以民族独特的、健康的且与世界先进文化模式接轨的白酒文化作为酒品输出和城市营销的核心。关键的一点是要做到白酒酿造的创新。未来可在酿酒微生物代谢产物及其菌种库，不同香型白酒自动控温控湿发酵技术，白酒风味物质分析及其数据库，白酒中功能物质和有害物质的调控，白酒标准现代化等方面进行突破性研究。另外需要注意的是，虽然国外葡萄酒产区化发展较为成熟，但发展到今天，也面临着一些问题，所以中国白酒的产区化发展要让白酒产品供给者把精力更多地投入到酿造突破，更好地为消费者生产有利于提升身心健康的饮品上，这就需要中国白酒产区既要学习国外成熟的发展模式，也需要根据中国的国情和中国白酒的特色探索适合中国白酒的产区化发展模式。

二、让不同区域的白酒成为对外开放的名片

中华民族有独具特色的酒文化。越是民族的就越是世界的，中国白酒文化同中国特有的书法、绘画、器皿等文化一样，也融入了中国特有的社交、伦理、哲理等，故而中国白酒文化具备对外传播的特质和韧性。产区化发展让成千上万的中国白酒酒品有了地域背书，更具识别度，也更便于消费者选择。故而未来中国白酒的产区化打造要和中国区域独特而丰富的旅游资源、美食资源、地域文化相结合，让基于幅员辽阔的国土形成的区域酒品、酒文化成为区域与国际交流的重要吸引物之一，以吸引国内外的白酒爱好者、产业相关者深入中国，来认识和品味中国不同地域独具特色的白酒。

三、优势产区要以白酒为关键带动三产融合发展

白酒产区往往是优势产区的支柱产业，通常具有一些白酒龙头企业或

产业集群区。无论从产业链视角还是从区域产业体系视角，白酒产业都具有第一产业和第三产业紧密相融的特质。中国是一个农业大国，通过白酒产区的打造，可以有效提升中国农业产业化发展的水平，提高白酒产业链上的广大农民的收入。白酒产业在第二产业中的关联产业包括包装、灌装、印刷、物流、设备制造、质检等，要抓住中国注重高质量发展，加快形成新质生产力的历史机遇，以高端化、智能化、绿色化等为基本理念，通过白酒产区的打造带动这些行业产业水平的提升。

第二节　中国白酒产区化发展建议

中国白酒产业是根植于中华文化的特色产业、传统行业，其发展在我国一直方兴未艾。截至 2024 年，全国现存白酒相关企业约 18.65 万家（含生产、销售、流通等环节），其中规模以上企业（年产值 2 000 万元以上）为 989 家。随着中国食品产业的飞速发展，中国白酒现代化势在必行。要实现中国白酒价格亲民，香型创新，关注健康，技术创新，国际化发展等目标，产区化发展是最佳的选择。中国酒协白酒分会专家梁帮昌认为，白酒与一方水土息息相关，这也成就了白酒行业的区域特色，即产区特色。对于中国白酒行业而言，大多数地方都有自己的白酒品牌，有些还是被认可的中国名优白酒，如安徽、山东、河南等地产的白酒，各地之间发展之所以出现差异，除了自然禀赋的差异，还因为经营和发展的模式的不同。中国酒业协会相关人员在发言中表示，关于产区的形成，我们与外国是有本质区别的。波尔多产区是由众多具有家族史的企业在这个地区不断发展的过程中为了维护自身的品牌，保证自己的品质，通过政府或行业组织发起，为保护产区的生态、历史、技艺形成的产区概念，而中国产区概念则是在名酒企业的带动下形成的。此外，中国白酒在各地具有多样化的酿造工艺、原料、风格，在目前的市场竞争格局下，有些白酒企业领先，但有些白酒企业落后。以香型为例，在 20 世纪 70 年代某香型形成之前，消费者对白酒的认识仅停留在产区的概念上。产业区发展必须坚守传统工艺根基，同时构建多元化价值体系。当前推动产区建设，既要考量经济效益，更要注重技艺传承与文化遗产保护的双重使命。针对中国白酒产区化发展，提出以下六方面建议。

一、加大对中国白酒产区化的研究

中国白酒产区化建设的首要前提是建立科学认知体系。早在 1956 年，周恩来总理主持编制的《1956—1967 年科学技术发展规划纲要》里，白酒生产技术作为国家重点科研项目，与原子能、火箭技术等共同构成国家战略科技布局。而且中国白酒的发酵工程、微生物工程依然还有许多奥秘等待揭开。研究中国白酒，其中一个重要的课题就是构建中国白酒产区划分的科学依据，无论是中国白酒 3C 计划、中国白酒 169 计划，还是关于白酒指纹图谱的研究，都是高科技、高水平技术人才破解中国白酒奥秘的尝试，笔者呼吁更多学科领域的专家学者参与到白酒的研究中来，为中国白酒产区化打造和走向国际提供技术支撑。

二、培育成熟的消费市场

消费可以引导，消费者可以培育，消费行为可以更加科学合理。虽然公众对白酒还存在一定的误解，但企业要有信心培育成熟的消费市场。而要做到这点，关键在于科学消费文化的传播。企业不仅要生产酒，还应该输出酒文化，输出自己的品牌文化，更要有意识输出中国白酒自身所蕴含的普通意义上的文化，要让消费者知道为什么要喝酒，喝什么样的酒，怎样喝酒。破解酒界三问是每个企业的使命，只有这样才有助于整个产业的更好发展。如果消费市场趋于成熟，将对中国白酒产区化形成较大的推动力，也将有效地减少饮酒所带来的社会负面影响。

三、构建行业协同机制

从白酒地理标志保护现状来看，行业协会在白酒产地问题上所做的工作还不够，这将直接导致白酒产区划分工作较为困难。中国酒业协会、中国食品工业协会、白酒专业委员会以及各省的酿酒工业协会等都要在这个过程中发挥积极作用。国外行业发展的经验证明，行业协会应该也能够在行业标准制定、行业自律等方面发挥政府、单个企业难以替代的作用。无论是中国白酒产区（中国白酒金三角），东北酒产区还是江苏的绵柔型白酒产区都有可能成为中国白酒产区打造的先行者，在这个过程中，各类行业协会将扮演重要的角色。

四、推动产区管理体系的完善

对白酒而言，当前的职能部门较为重要的工作是建立各级质检系统。中国酿酒大师、五粮液股份公司副总经理唐圣云一针见血地指出，尽管正规厂家生产的白酒符合我国的国家标准，但与外国的某些法律法规不相符。个别国家需要对酒水的微量成分进行精确的衡量，而中国白酒在这方面较缺乏翔实的数据。虽然我国正在积极制定相关的白酒产区标准，但离产区化的完整管理模式还有一定差距。法国布雷斯鸡在国家原产地命名局（INAO）监控下，每年的产量严格控制在 150 万只，这可以为中国白酒生产探索在产量不断增长模式下解决质量波动问题提供借鉴。

五、引导中国白酒产业的产区化发展

虽然基于地理标志保护的白酒产区打造主要依靠企业、协会等经济组织的带动，但政府的作用同样重要。特别是在相关组织的建构以及企业积极性的调动上，政府要发挥应有的引导作用。笔者曾倡导中国白酒应该有自己的健康理论体系，事实说明中国白酒产业还有较大的发展空间，即使在当前限酒的形势下，把白酒作为主导产业的地方政府应该树立白酒产业

还可以做得更好、更大的信心。具体对白酒的产区化而言，政府要站在区域经济发展的角度做出白酒产区发展规划，特别是在酿造区环境的保护，绿色原料基地的实现，产区化带动的产业多元化发展方面。此外，政府还要提供必要的软硬件条件以督促企业、协会去实施。

　　未来中国白酒将面临以下转变：风格质量需求向健康休闲需求转变；共性化需求向个性化需求转变；传统消费习惯向现代消费方式转变；生理需求向精神、文化需求转变。要实现这些转变，离不开白酒的产区化发展。

六、注重中国白酒产区打造的科技赋能

　　孙宝国院士认为数字化是中国白酒产业现代化发展的核心驱动力。虽然依托独特工艺的传统酿造是中国白酒产区打造的核心优势之一，但坚持传统并不意味中国白酒产区打造不重视科技赋能，相反，和所有的民族工业品一样，传承创新是中国白酒基业长青的法宝之一。中国白酒产区不能搞神秘化，不能故弄玄虚，而是要充分利用现代科技赋能，把中国白酒的神秘性、独特性用科学话语向消费者科普性呈现。事实上，从 20 世纪 70 年代起，现代分析化学技术就开始赋能中国白酒品质提升，到 21 世纪初白酒生产机械化的运用，再到现在以智能化为主的数字化转型，现代科技进步一直在中国白酒行业的持续发展中扮演着重要角色。在中国白酒产区化创新发展的探索中，要把科技赋能、数字赋能作为关键，从产区视角出发，把决定产区酒品品质的地理环境影响以令人信服的科普语言表达清楚，要把产区酒品品质差异的形成机理和饮用效应清晰、科学、客观地呈现出来，要充分利用数字化赋能了解消费者需求，生产更加贴合消费者偏好的产品。

参考文献

艾民，2009. 白酒香型是否应该废除？[J]. 中国酒（1）.

曾德国，2013. 西南地区地理标志的开发利用现状探析 [J]. 学术论坛（6）：141-145.

曾洁，2009. 中国酒类地理标志保护制度研究 [D]. 北京：中国农业科学院.

陈一君，2015. 川酒发展研究论丛（第二辑）[M]. 成都：西南财经大学出版社.

翟衡，1994. 乡巴尼（香槟）地区的葡萄品种与酒种 [J]. 酿酒科技（6）：60-61.

杜涛，陈娜娜，2023-09-05. 仁怀"中国酱香白酒核心产区"效应持续升华 [N]. 中国食品报（005）.

范奇高，林慧，张健，等，2022. 白酒行业科技创新发展与现状分析研究 [J]. 酿酒科技（11）：82-88.

高俊英，2019. 地理标志品牌建设法律问题研究 [D]. 贵州师范大学.

龚平，2013. 还原白酒原产地的真"面孔"[N]. 华夏酒报，http://www.cnwinenews.com/html/201306/25/20130625092543153335.htm.

韩作兵，2013. 从产区价值链解读贺兰山东麓葡萄酒产区 [J]. 中国酒（8）：54-56.

何林, 任勇, 谢江, 等, 2019. 四川省白酒行业发展现状及绿色发展路径探讨 [J]. 资源节约与环保 (3): 113-115, 132.

孔祥俊, 2003. WTO知识产权协定及其国内适用 [M]. 北京: 法律出版社.

匡觉馨, 2023. 新常态下的中国白酒行业发展趋势及应对建议 [J]. 中国酒 (8): 54-55.

李后强, 2023. 中国白酒的"五个回归" [J]. 当代县域经济 (6): 14-15.

李华, 王照科, 2005. 葡萄酒品尝过程中的美感 [J]. 酿酒科技 (9): 87-91.

李明德, 2007. 知识产权法 [M]. 北京: 社会科学文献出版社.

李士燃, 徐兴花, 2022. 中国白酒产区化发展路径探究 [J]. 现代商贸工业, 43 (8): 12-13.

李研科, 杜丽平, 肖冬光, 等, 2019. 不同产地酱香型白酒成分分析与研究 [J]. 现代食品 (10): 159-163.

李杨, 李雷, 任永利, 2014. 谈川酒的四大产区 [J]. 酿酒, 41 (2): 22-25.

刘民万, 尹凤玮, 2014. 中国白酒产区小议: 东北, 孕育了"辽香型白酒"续谈 [J]. 酿酒, 41 (2): 25-26.

马轶红, 2012. 郎酒: 酱香酒谷的产区营销 [J]. 新市场 (5): 84-85.

任其俊, 黄岩, 2007. 地理标志保护的研究和经济学分析 [J]. 地域研究与开发, 26 (6): 57-59.

邵栋梁, 朱梦旭, 2019. 白酒标准体系研究与分析 [J]. 酿酒, 46 (5): 8-11.

松子, 金秀, 2012. 景芝镇被授予中国芝麻香白酒第一镇景芝酒业获中国芝麻香白酒生态酿造产区 [J]. 中国酒 (12): 52-53.

孙宝国，孙金沅，宫俐莉，等，2016. 中国白酒中长期发展趋势与研究重点之管见 [J]. 轻工学报，31（1）：6-11.

唐亚，周永奎，乔宗伟，等，2013. 中国白酒金三角浓香型白酒产区气候独特性研究 [J]. 食品与发酵科技，49（6）：60-79.

田伟，于相正，刘伟，2013. 东部酿酒葡萄产区基地发展过程中存在的问题及解决措施 [J]. 中外葡萄与葡萄酒（3）：51-53.

王猛，赵华，2022. 中国白酒行业发展现状及趋势 [J]. 酿酒，49（1）：39-41，46.

王小兰，唐心智，2010. 中国白酒出口现状及发展对策研究 [J]. 全国商情（19）：74-77.

王旭亮，张五九，王德良，等，2019. 中国三大香型白酒典型产区气候环境特性研究 [J]. 酿酒科技（3）：44-51.

王延才，2011. 中国白酒 [M]. 北京：中国轻工业出版社.

吴彬，2011. 我国地理标志法律保护模式的冲突与完善措施 [J]. 华中农业大学学报（4）：112.

吴佩海，2022-03-01. 白酒产区建设宜量力而行 [N]. 华夏酒报（A05）.

谢东伟，2001. 入世与我国原产地名称（地理标志）的保护 [J]. 中华商标（5）.

信春晖，邵先军，胥伟宏，等，2013. 酿酒原料对白酒风味的影响 [J]. 酿酒科技（7）：68-74.

徐宏峰，2013. 基于产区建设提升江苏白酒产业的战略思考 [J]. 经营管理者（11）：83，397.

杨柳，2015. 中国白酒产业发展报告 [M]. 北京：中国轻工业出版社.

赵新节，2006. 发挥产区优势提高葡萄酒质量 [J]. 中外葡萄与葡萄酒（4）：42-43.

郑成思，2001. WTO 知识产权协议逐条解释 [M]. 北京：中国方正出版社.

郑浩，2012. 梧州六堡茶品牌建设研究 [D]. 广西：广西大学.

周山荣，2011. 茅台酒被评为"最中国地理标志"[J]. 酿酒科技（2）：92.